I. C. Keller inv. et delin.

Gust. Phil. Trautner sculps.

LES DELICES
DES YEUX ET DE L'ESPRIT,

OU

COLLECTION GENERALE

DES

DIFFERENTES ESPÈCES

·DE·

COQUILLAGES

QUE LA MER RENFERME,

COMMUNIQUEE

AU PUBLIC

PAR

LES HERITIERS

DE

GEORGE WOLFGANG KNORR,

CINQUIEME PARTIE.

A'

NUREMBERG.

1 7 7 1.

AVANT-PROPOS.

LES CHARMES avec lesquels les beautés de la Nature agiſſent ſur les yeux & l'eſprit de ſes amateurs, ſont d'une force toute particuliere: Jamais ils n'en ſont raſſaſiés, jamais dégoutés. Plus ils voient de variété parmi ſes productions, & plus ils en poſſedent, plus ils en veulent voir & poſſeder. Depuis long tems les Scrutateurs de la Nature ont entrevû que ſes treſors ſont inepuiſables, de là vient, qu'enflamés d'un deſir impatient de découvrir toujours de nouvelles choſes, ils ne ſont jamais contens de ce qu'ils en ont ſous les yeux. Nous éprouvons la verité de ce que nous venons de dire dans le ſort de cet Ouvrage, les Amateurs, non contens d'avoir reçû dans les deux premières parties, les copies de quelques beaux morceaux, qui pouvoient ſervir d'échantillons des belles productions de la Nature dans la Claſſe des Coquillages, vouloient qu'on donnat encore deux parties, pour avoir du moins les Genres & les eſpèces principales raſſemblées dans un même ouvrage. Non ſeulement on déféra à leur demande, on ajouta encore des Tables, & on crût conclure ainſi l'Ouvrage. Mais au lieu de s'en raſſaſier, les Amateurs n'en demandérent qu' avec plus d'ardeur d'y voir une collection beaucoup plus ample de ces productions de la Nature, & qu'on fit entrer dans cet Ouvrage les eſpèces rares qui y manquoient, & même les variétés les plus curieuſes & les plus rares. De tout côté nous fûmes preſſés de la part de nos Amis & des perſonnes qui ont favoriſé juſqu'ici de leur approbation nos entrepriſes, de continuer cette Collection, & leur generoſité alla méme juſqu'à nous offrir non ſeulement d'excellens Deſſins tirés d'après les pièces de leur Cabinets, mais même de precieux originaux, pour nous mettre d'autant mieux en état de ſatisfaire à leurs deſirs. En particulier nous avons des obligations infinies à Monſieur HOUTTUYN Docteur en Medecine à Amſterdam, grand Connoiſſeur dans ce genre de Curioſité, par les ſoins duquel nous ont été

ouverts

ouverts les plus beaux Cabinets d'Hollande, d'où on nous fit parvenir des Deſſins excellens des morceaux les plus rares & les plus beaux de ces immenſes Collections qui renfermement ce qu'il y a de plus précieux dans ce genre: C'eſt ce qui nous a determiné à continuer cet Ouvrage, & à l'augmenter encore de quelques parties. Nous oſons nous flater, que le premier coup d'oeil que les Curieux daigneront jetter ſur les pièces qui leur ſont preſentées dans cette partie, nous aſſurera leur approbation.

Après ce que nous venons de dire on n'attendra pas que nous entreprennions de nous juſtifier, ou de faire l'éloge de nôtre Ouvrage. Fournis d'une bonne proviſion de matériaux, nous en hazardons cette Continuation: & il ne nous reſte ici qu'à remercier les perſonnes qui ont daigné juſqu'ici nous aſſiſter, de leurs ſecours généreux, & à les ſuplier de nous les continuer, perſuadées que de nôtre côté on n'épargnera ni ſoins ni dépenſes pour remplir le Plan de cet Ouvrage, & pour faire paroitre, avec toute l'exactitude & la promptitude poſſible, les précieux morceaux qu'ils nous feront la grace de nous communiquer. Si du reſte la contemplation des Varietés infinies qui ſe rencontrent dans la forme, les deſſins, les couleurs de ces productions de la Claſſe des Coquilles, & la conſidération de leurs raports, peuvent contribuer quelque choſe à dévoiler les myſtéres qui cachent les operations de la Nature dans la formation de ces ſuperbes robes; Nous aurons la ſatisfaction d'y avoir concouru en quelque maniére par cet Ouvrage, ou d'avoir du moins fourni un ſujet de Recréation également agréable & inſtructive aux Curieux qui ne ſe trouvent pas à portée de viſiter ces magnifiques Collections, & de leur avoir facilité, par une Nomenclature juſte & exacte, la connoiſſance de ces productions de la Nature.

à *Nuremberg* le 30. *Septembre*
1771,

Les Heritiers de
George Wolfgang Knorr.

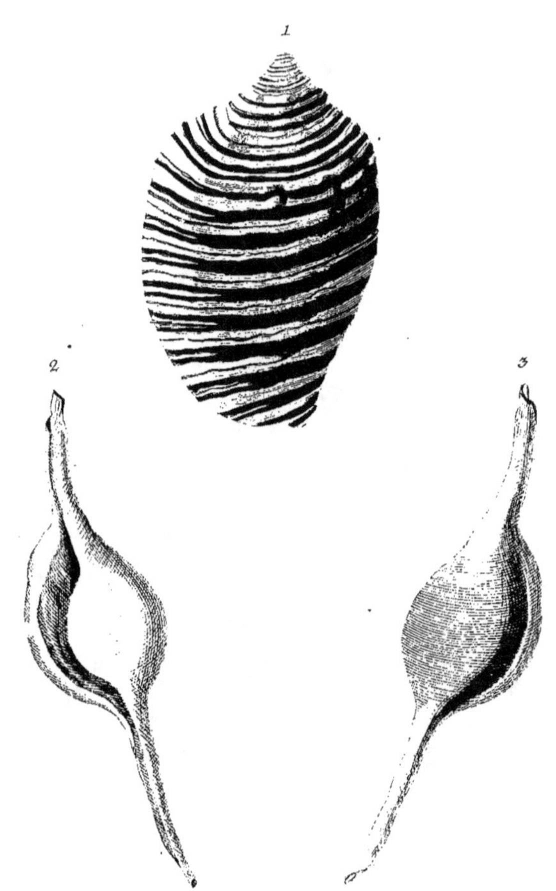

Ex Museo Dⁿⁱ W. van der Meulen, Civ. Capitan Amste-
lodam vigilantissimi.

Andr. Hoffer sculpsit.

COQUILLES.

CINQUIÈME PARTIE.

PLANCHE I.

Figure I.

Il seroit difficile de trouver une plus belle espèce de Coquille que celle dont nous offrons ici la copie. On l'apelle LE PAVILLON D'ORANGE; c'est le nom que lui donne D'ARGENVILLE. En Allemand, *Orange-Fahne*, en Hollandois, *de Oranje Vlag*, en Latin, *Vexillum Araufiacum.* Dans les Notes à l'Ouvrage de RUMPHIUS il est dit que dans le tems qu'il écrivoit, l'on ne connoissoit en Hollande que deux individus de cette espèce, l'un étoit celui dont il donnoit la copie, l'autre se trouvoit dans le Cabinet de M. VINCENT. Lorsque D'ARGENVILLE publioit l'Appendice à sa Conchyliologie, on n'en connoissoit que trois à Paris, deux en Angleterre, & une seule en Hollande. Il est certain, qu'aujourdhui il s'en trouve plusieurs individus dans les Cabinets d'Hollande, mais cela n'empeche pas que cette espèce de Coquille ne soit extrèmement rare & précieuse, qui s'estime toujours quelques centaines de florins, ou quatre à cinq cents livres la piéce, si elle est sans defaut. Pour ce qui concerne la pièce que

6

nous offrons ici, elle est plus belle par ses bandes & ses couleurs, qu'elle
n'est gracieuse par sa forme, par laquelle elle ressemble beaucoup aux Ailées de la Famille des ROCHERS OU MUREX. Nous ne concevons pas comment on a pu ranger cette Coquille sous le Genre des TONNES. Ses larges
fascies couleur d'orange, placées alternativement avec des bandes plus étroites, se divisent toujours en deux vers les levres; Ce qui sert à en relever
la beauté, de sorte que cette Coquille pourra toujours être regardée comme un ornement particulier des plus belles collections de Coquillages.

Fig. 2. & 3. Cette espèce de Coquille n'est pas moins rare que la précédente, & nous n'en connoissons point de copie qui ait été faite d'après un
morceau aussi parfait que celui que nous avons exprimé dans ces figures.
D'ARGENUILLE n'en présente qu'une sorte ordinaire à clavicule fort aplatie,
qu'il range sous la Famille des PORCELAINES. ALBERT SEBA en rapporte
deux dans son Ouvrage, & remarque, que celles qui ont lévres épaisses, sont des mâles, les autres des femelles. Celle que nous offrons ici a
des levres épaisses, & les deux bouts fort allongés, & c'est aussi ce
qui en reléve beaucoup la beauté, qui lui a fait donner le nom de NAVET-
TE DE TISSERAND, en Allemand, *Weberspuhl,* en Hollandois, *de Weever-
spoel.* Il est extremement difficile de trouver des morceaux de la beauté
de celuici. Il se distingue en particulier par une couleur de chair, vive &
agreable, répanduë sur le dos, (fig. 3.) les deux bouts & la bouche, (fig. 2.)
Les longues avances des deux extrémités ne sont que des prolongations
des levres de la bouche, ce que la copie que nous en donnons fait voir d'u-
ne maniére afsès claire.

PLANCHE II. ✳✳

Fig. 1. 2. & 3. Cette espèce de Coquille bivalve est apellé PINCE DE
CHIRURGIEN, à cause de la ressemblance qu'on lui trouve avec cet instru-
ment, en Allemand, *Bart - Kneiper,* souvent aussi, *Zuckererbsenschoten,* ou
Saubohnenschoten, en Hollandois, *Peul of Boere, Boon - Doublet.* L'individu dont
on donne ici la copie, est fort curieux & d'une beauté supérieure.

Fig. 1.

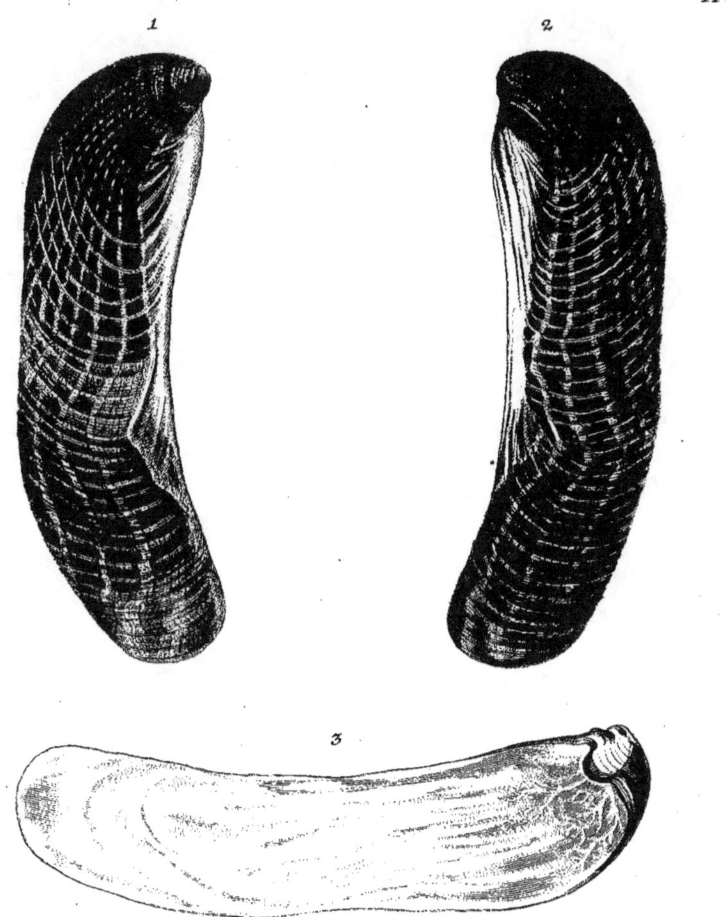

Ex Museo Dni. Brandt, Mercatoris Amstelodamensis.

J.A. Goninger sculpsit.

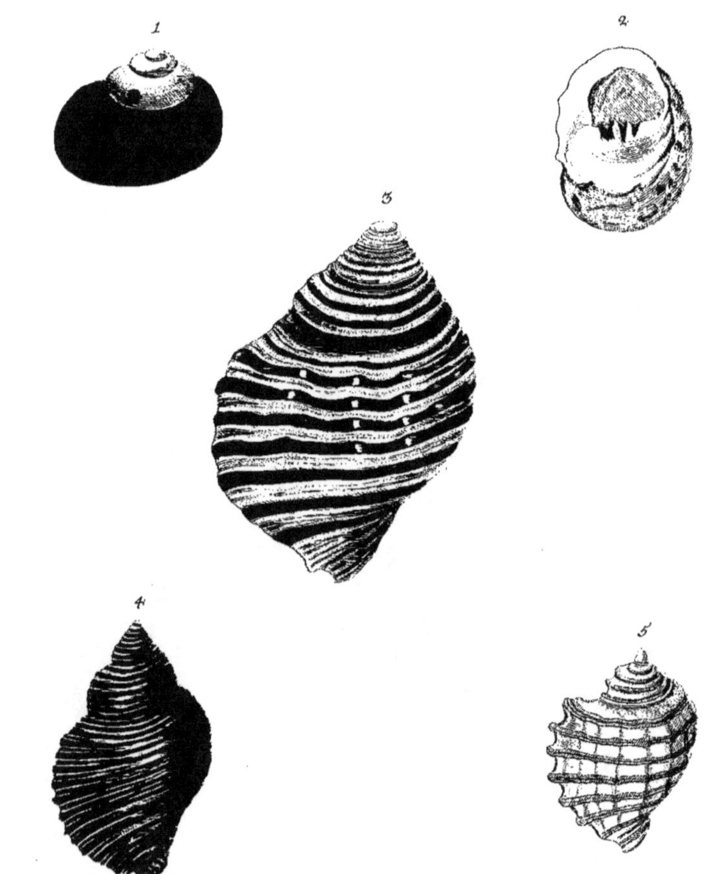

Ex Museo Excell. Dni. M. Houttüijn, Med. Doct.
Amstelodamensis.

J. A. Joninga sculpsit.

Fig. 1. & 2. en préfentent les deux battans, lqui, quoique différens un peu l'un de l'autre, ne laiffent pas de s'accorder en ce qu'ils font marqués l'un & l'autre de raies jaunes, onduleufes, qui forment en croifant une efpèce de rézeau fur un fond brun. Fig. 3. préfente l'interieur de la coquille, où il y a à remarquer, que la charniére eft placée à l'un des bouts, d'où il vient que lorsqu'elle ouvre fes battans, elle n'imite pas mal la figure d'une tenaille ouverte, ou, comme RUMPH dit, d'une pincette Chinoife. L'interieur de la coquille eft nacré en quelque maniere.

PLANCHE III. ∴

Fig. 1. Un TURBAN A TETE IAUNE, en Allemand, *Turkifcher Bund mit gelber Spitze*, en Hollandois, *Geelgetopt Tulpandje*. L'on diftingue parmi les Limaçons ceux qui ont la bouche ronde, de ceux qui l'ont de forme ovale & un peu échancrée; & parmi ces derniers l'on diftingue encore ceux qui font umbiliqués, de ceux qui ne le font pas. De ces trois fortes de Limaçons nous avons déjà fait paroitre différens morceaux dans la première partie de cet ouvrage Planche X. Car d'après cette divifion les Limaçons qui s'y trouvent repréfentés figg. 3. 4. & 5. font proprement, felon le fentiment des Curieux modernes, des *Limaçons à bouche ronde*; Ceux qui ont la bouche applatie ou allongée, & qui font en même tems umbiliqués, font apellés par les Hollandois SOLDATS, tel eft celui de la Fig. 1. de la Planche X. Part. I. que nous venons de citer. Ceux au contraire qui ne font point umbiliqués, & dont on en voit deux figg. 6. & 7. de la meme Planche, font appellés par les Hollandois, *Tulbande* ou *Turkifche Bunde*; fi l'on compare maintenant la figure que nous offrons ici, avec celles de la dite planche, l'on verra facilement que le Limaçon qu'elje préfente, doit être rangé parmi les TURBANS. Ce qui rend cette coquille particuliérement remarquable c'eft quelle a le fommet couleur d'Orange, pendant que le premier orbe eft d'vn noir de charbon, au travers duquel percent par-ci par là des faches nacrées dans des endroits où la robe eft un peu ufée. Cette diverfité de couleur n'eft pas purement accidentelle, elle eft naturelle à cette efpèce de limaçon; quoique l'on en rencontre où

la

la couleur d'orange eſt beaucoup plus pâle, & quelquefois même ce n'eſt qu'une jaune ordinaire. Du reſte il ne ſera pas neceſſaire d'avertir que cette eſpèce de Limaçons doit être rangée ſous le Genre des TOUPIES (*Trochi*) quoi qu'ils n'en aient pas parfaitement la forme.

Fig. 2. Il a été déjà ſouvent fait mention dans cet ouvrage des Limaçons à bouche demi-ronde, qui s'apellent proprement *Nerites*, en Allemand, *Schwimmſchnecken*. Il y en a une eſpèce qui eſt marquée à la lévre intérieure de quelques taches rouges couleur de ſang, & qu'on apelle à cauſe de cela QUENOTTES SAIGNANTES, en Allemand, *Blutige Zähne*, en Hollandois, *Bebloede Tanden*. D'ARGENVILLE en fait auſſi mention ſous ce nom, & celle que nous offrons dans cette figure, eſt de cette eſpèce.

Fig. 3. Voici une Coquille beaucoup plus rare, on l'apelle l'ARGUS FASCIÉ, en Allemand, *der hoeckerigte und bandirte Argus*, en Hollandois, *geknobbelde en gebandeerde Argus*. RUMPH en donne une fort bonne copie, quoi qu'elle ne ſoit point enluminée. Elle a reçu le nom d'*Argus* du grand nombre de tubercules blancs qui en garniſſent les bandes comme autant d'yeux. Pour la diſtinguer d'une autre eſpèce d'*Argus* qui eſt de la famille des *Porcelaines*, on l'a nommé ARGUS FASCIÉ, ou *Argus à faſcies & à tubercules*. Le fond en eſt d'un fauve clair, les faſcies couleur de marron. On le range parmi les *Buccins ou Coquilles en forme de Trompette*.

Fig. 4. C'eſt ſous cette famille qu'il faut ranger auſſi cette *Coquille à côtes brunes*, en Allemand, *Braun gerippte Schnecke*, en Hollandois, *Bruin geribde*, qui s'offre dans cette figure. Sur un fond brun clair elle perte des côtes d'un brun foncé. D'ARGENVILLE Planche XVII. Lit. M. raporte une Coquille ſemblable qu'il range parmi les *Tonnes*. Mais comme la forme de cette Coquille eſt a peu près la même que celle de l'*Argus faſcié*, que nous avons décrit ci-deſſus, nous la rangeons parmi les *Buccins*.

Fig. 5. C'eſt avec plus de raiſon que ſe range parmi les *Tonnes* la Coquille qui vient ſe préſenter ſous ce N. 5. A cauſe des cannelures profondes

qui

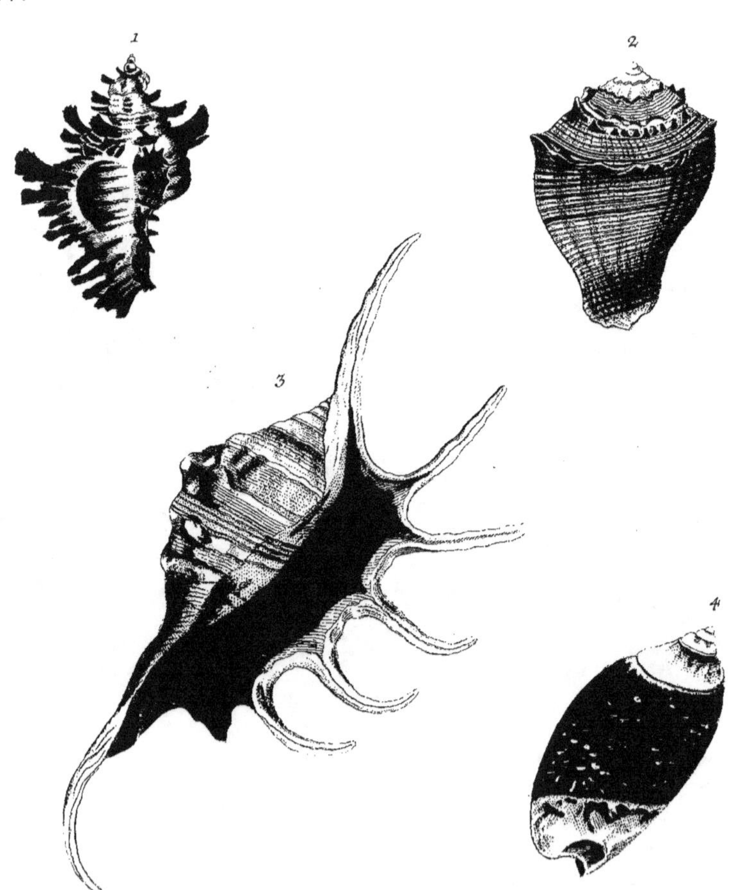

Ex Museo Houttuÿniano.

J. A. Deninger sculpsit.

qui en ſeparent les côtes, on la nomme en Allemand *die ſchmale Vortreppe*, en Hollandois *ſmalle Bordes Trappen*, c'eſt à dire *l'eſcalier étroit*. La profondeur de ces cannelures ſe fait voir principalement dans les échancrures de la lévre formées par les extrémités prolongées des côtés. Ces côtes ſont d'une couleur jaunâtre ſur un fond pâle.

PLANCHE IV. ‡ ‡

Fig. 1. Dans la première Partie de cet Ouvrage Planche XXV. figg. 1. & 2. nous avions donné la copie de deux Pourpres rameuſes en Hollandois *Krullhoorens*, qui différent des *Brulées*. Ces dernieres ſont d'une couleur plus foncée qui les fait paroitre comme flambées, & différent encore par la forme de leurs feuilles, qui ſont moins friſées. Parmi ces Brulées il y en a à feuilles étroites qui finiſſent en pointe, telle qu'eſt celle qui ſe voit fig. 2. Planche IX.** Part. III. qu'on apelle la *Brulée blanche*. Celle que nous offrons ici a des feuilles plus larges. C'eſt auſſi une eſpèce de *brulée*, comme l'on peut s'en aſſurer en la comparant avec celle de D'ARGENVILLE Pl. XIII. Lettre F. nous la nommons *bunte Brandhorn*, en Hollandois *Bonte Brandaris*, BRULE'E BLANCHE NUE'E DE BRUN, par ce qu'elle eſt nuée brun ſur un fond blanc, & que les extremités de leurs feuilles ſont noires, de & comme brulées, ce qui les relève beaucoup.

Fig. 2. L'on donne le nom de NOIX MUSCADE, en Allemand, *Muſcaten-Nuſs*, en Hollandois, *Noote Moskaat*, à une Coquille dont la robe eſt marquée de raïes qui la font reſſembler à ces eſpèces de *Guingans* dont on fait des couvertures de lit en Hollande; de cette eſpèce eſt celle que nous offrons ici. La couleur en eſt d'un brun-rougeâtre, & la bouche n'eſt point échancrée. Il faut ſe garder de confondre ce nom de *Noix-muſcade*, avec celle de *Macis* ou *Fleur de muſcade*, que l'on donne à une Coquille bivalve de la famille des Huitrés.

Fig. 3. Dans l'explication des Planches XXVII. & XXVIII. de la première Partie, il a été parlé de la différence qu'il y a entre les *Crabes communs*, les *Griffes du Diable*, & *Crabes gouteux*. Un morceau de cette derniére

Cinquième Partie.　　　　　　B　　　　　　eſpè-

espèce se trouve représenté figure 1. Pl. III.* de la seconde Partie. De-celle-ci, aussi bien que des autres espèces de Coquilles que nous venons de nommer, il faut distinguer le SCORPION, en Allemand, *Scorpion-Schnecke*, en Hollandois, *Scorpioen*, dont nous donnons ici la copie, & qui est d'une beauté supérieure. La bouche est couleur d'Orange, & diffère en cela totalement de celle du *Crabe gouteux*. L'on donne à cette espèce le nom de SCORPION, par ce que sa queuë & ses pattes crochues ont quelque ressemblance avec la queue du Scorpion. Cependant les François moins scrupuleux donnent aussi le nom de *Scorpion* aux *Crabes gouteux*.

Fig. 4. La belle Datte ou Olive qui se présente dans cette figure s'apelle l'OLIVE *brodée*, en Allemand, *gestickte Datteln*, en Hollandois, *Geborduurde Dadel*. A cause de la belle robe bigarrée qui en revetit le dos, & qui fait un effet charmant, en contraste avec le blanc sale de ses extremités, cette coquille est connue chès les Allemands sous le nom de *Waldesel*, *Ane sauvage*. On lui donne ce dernier nom probablement par ce qu'en sortant de la mer cette belle robe est couverte d'une Epiderme fauve ou gris d'âne que l'on enlève. Elle vient des Indes.

·PLANCHE V.⁂

Fig. 1. Parmi ces TROMPES MARINES OU CONQUES DE TRITON, en Allemand *Tritons* ou *Trompetten-Schnecken*, en Hollandois, *Triton* ou *Trompet-Hoorn*, les petites sont estimées plus rares que les grandes. La Planche XVI.* de la seconde Partie de cet Ouvrage en présente la plus petite espèce, quoique d'une couleur fort différente de celle de la grande espèce. La Coquille dont nous offrons la copie dans cette figure, est d'une espèce de grandeur moienne, & d'une beauté superieure tant dans le dessin que dans ses couleurs. L'on en voit de la même espèce qui sont deux fois plus longues & plus larges. Elles viennent toutes des Indes. On nous en apporte aussi, il est vrai, des Indes Occidentales, mais elles diffèrent beaucoup tant par leur forme que leurs couleurs de celles qui nous viennent des Indes Orientales. RUMPH s'étend beaucoup sur la beauté des taches

en

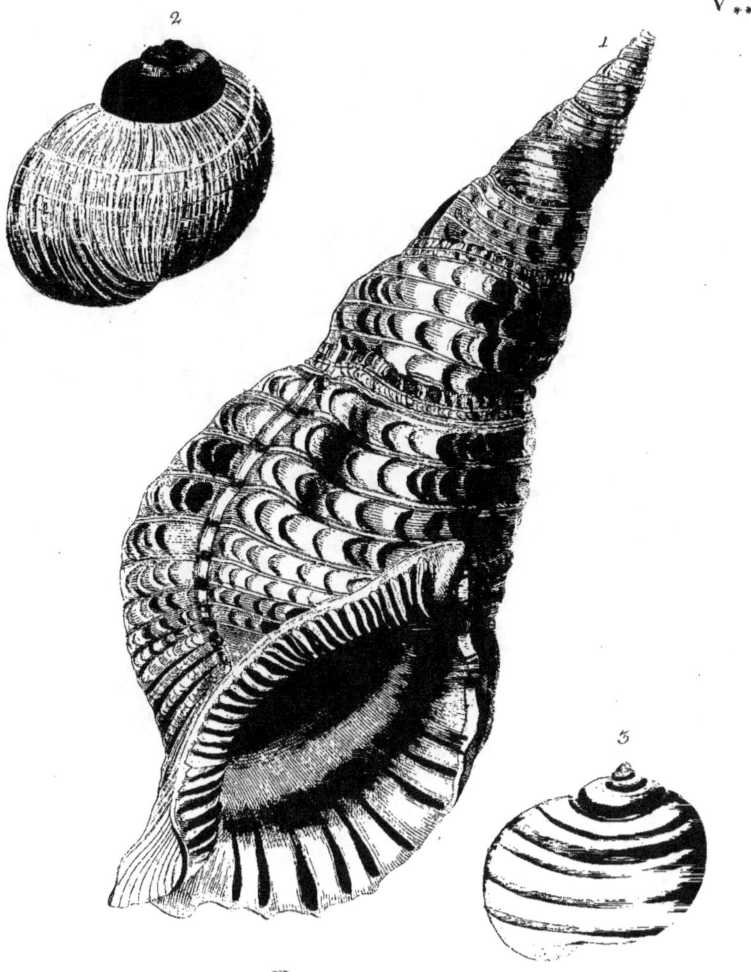

Ex Museo Houttuijniano.

Andr. Hoffer sculps.

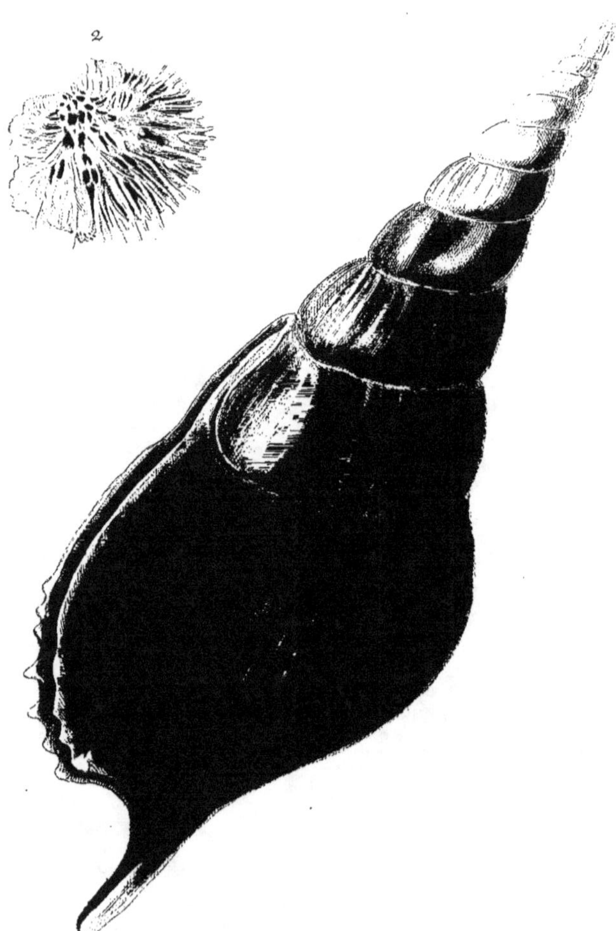

Ex Museo Brandtiano.

J. A. Joninger sculpsit.

en forme de Flammes qui ornent la robe de cette Coquille, & le feu de fa bouche rouge. Quand elle eſt bien nettoiée, elle prend tant dans fon intérieur qu'au dehors le poli & le luſtre de la Porcelaine. La bouche a des deux côtés des raies brunes. L'on en rencontre fouvent qui font endomagées à la pointe, on les place ordinairement fur des piédeſtaux, & l'on s'en fert pour garnir le deſſus des Coquilliers ou des armoires.

Fig. 2. Cette Coquille, à en juger par fa forme, paroit être un Limaçon terreſtre. RUMPH apelle cette forte de Limaçon, *Schlammfchnecken,* *Limaçon de la fange,* & dit qu'on la trouve dans les champs marecageux où on plante du Ris, & dans la fange des embouchures des Rivieres, où l'on en rencontre quelquefois de la groſſeur du poing. Il leur donne une couleur brune qui tire fur le verd, avec des raies jaunes. L'individu qui eſt répréfenté dans cette figure, a outre ces couleurs encore des raies violettes qui defcendent tout le long de la Coquille. Le fommet eſt couleur de pourpre foncé tirant fur le noir. On apelle cette efpèce de Limaçon, OEIL DE BOEUF, en Allemand, *Ochfenaugen,* en Hollandois, *Oſſe-Oog.*

Fig. 3. Le Limaçon de ce No. eſt de la même forme que celui du précédent, & on le nomme pour l'en diſtinguer l'OEIL DE VACHE, en Allemand, *Küh-Aug,* en Hollandois, *Koe-Oog.* SEBA a donné cette même efpèce, dans la troifième Partie de fon Ouvrage Pl. XL. figg. 3. 4. & 5. Le morceau que nous offrons ici, eſt couleur de chair, à faſcies brunes de différente largeur, & à bouche & fommet jaunâtres. La bouche eſt fort grande & de forme ovale. Les faſcies fe font appercevoir auſſi dans l'intérieur de la coquille fous une couleur jaunâtre. A la bafe il y a un Umbilic fort profond; & par fa forme cette Coquille reſſemble en quelque maniere au *Cornet de Poſtillon,* que l'on voit dans la première Partie de cet Ouvrage, Planche II. Fig. 4. & 5.

PLANCHE VI.

Fig. 1. Les *Vis* ou *Aiguilles étoilées,* en particulier celles de cette efpèce, ont eû le fort d'être rangées, à caufe de leur forme tantôt fous cette

famil-

famille tantôt fous une autre. A n'en confiderer que le nom on devroit les mettre parmi les *Vis* ou *Aiguilles*. Leur forme au contraire paroit leur donner une prétenfion fondée à la famille des *Fufeaux;* cependant la grof-feur du premier orbe les a fait ranger à d'ARGENVILLE & à d'autres par-mi les *Buccins* ou *Trompettes*. D'autres Curieux encore veulent qu'on les range parmi les *Ailées* à caufe de leur Levre étendue. Ne voulant rien dé-cider, nous nous contentons de dire qu'elle nous paroiffent devoir etre re-gardées comme une efpèce de *Fufeaux*. Celle que nous offrons dans cette figure préfente, & que nous appellons FUSEAU ETOILE' EPAIS eft un morceau d'une beauté fuperieure. Les Allemands l'apel-lent: *Dicke geftirnte Nadel*, les Hollandois, *Dikke Starre pen*. Quand on fait abftraction de la pointe allongée, quoi qu'elle ne foit pas auffi effilée que celle des *Fufeaux étoilés* ordinaires, la ftructure de cette Coquille fe trouve la même que celle d'une Conque de *Triton* ou *Trompette*, les orbes en diminuent infenfiblement & l'on en compte jufqu'à douze. La couleur eft d'un brun clair mêlé d'un jaune luifant, qui diminue vers la pointe. La bouche eft garnie d'un double rang de petites dents; la Planche fui-vante en préfentera l'intérieur.

Fig. 2. Une petite HUITRE E'PINEUSE BLANCHE d'une grande beauté & fort curieufe, à caufe de fes épines, qui font fort longues et deliées; par ci-par la l'on y voit de petites taches noires & rouges. Les Allemands l'apellent *Weiffe gezackte Lazarus-Klappe*, les Hollandois *Wit ge-takt Lazarus Klapje*. Elle vient des Indes.

PLANCHE VII.✳ ☿

Fig. 1. LE FUSEAU ETOILE' EPAIS de la Planche précédente fe préfente ici du côté oppofé, de grandeur naturelle. L'on y découvre l'in-térieur de la bouche de couleur blanche tirant fur le bleû. Une rangée de dents qui garniffent cette bouche, & une echancrure en forme de demi-Lune vers la pointe inférieure, font les caractères qui diftinguent cette efpèce de *Fufeau étoilé* des autres.

Fig. 2.

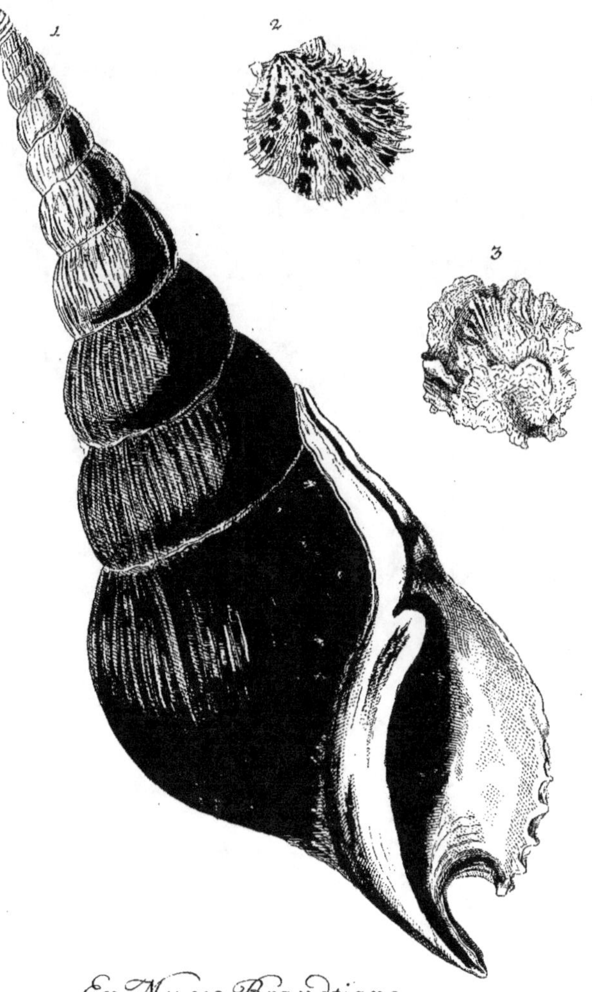

Ex Museo Brandtiano.

Andr. Hoffer sculps.

Ex Museo Houttuijniano.

G. P. Trautner sculps.

Fig. 2. & 3. Ces Figures préfentent les deux valves d'une petite HUI-TRE E'PINEUSE BARIOLE'E extremement belle, que les Allemands apellent *Bandirte Lazarus - Klappe*, les Hollandois *Gebandeerde Lazarus Klapje*. La Valve fupérieure eft ornée de raies rougeâtres, qui partent du fommet en forme de raions & font un très bel effet fur le fond blanc & heriffé qu'elles traverfent. Ce qui en réléve encore la beauté, c'eft que ces raies font interrompues par des taches d'une couleur plus éclatante. La Valve inférieure *fig.* 3. différe confiderablement de l'autre, ce qui eft ordinaire aux *Huitres épineufes.* Elle eft compofée d'une infinité de feuilles relevées & pliffées, qui lui donnent presque l'air d'un *Gateau feuilleté ou fleur de Mufcade.* Mais la charnière prouve que c'eft une *Huitre épineufe.*

PLANCHE VIII.

Fig. 1. Une COURONNE D'ETHIOPIE BARIOLE'E, en Allemand *Gefleckte Zitzenback*, en Hollandois, *Moesjes Tepelbak;* Des Coquilles qui portent le nom de *Couronne d'Ethiopie* il fe trouve déjà quelques unes dans cet ouvrage. Planche IV.* de la feconde Partie repréfente la Couronne d'Ethiopie ou *Gondole couronné mammillaire à fafcies,* & Pl. XXX.* une autre fans *mammelons,* connue fous le nom de *Jacobs Kruik* chès les Hollandois, & chès les Allemands fous celui de *Schweins - Rüffel,* ou *Groih de Cochon.* Quoique ces morceaux foient très beaux dans leur efpèce, ils ne laiffent pas d'être furpaffés par les *Couronnes* bariolées, dont l'efpèce fe diftingue d'une manière fort avantageufe par fes tachés, & fa couleur jaune brunâtre, comme l'on peut voir dans la copie que nous offrons ici. La couleur de cet individu eft d'un jaune foncé qui tire fur le brun avec des zones plus claires. Cette Coquille a un très beau poli & des taches en forme de mouches, d'où il vient que les Hollandois l'apellent *Moesjes Tepelbak,* & les François COURONNE D'ETHIOPIE BARIOLE'E OU MOUCHETE'E. Elle vient des Indes, où l'on en pêche un très grand nombre, & d'une grandeur fort confiderable; les Indiens mangent l'animal qui l'habite, après l'avoir rôti dans fa propre coquille, la quelle leur fert enfuite d'ecuelle ou de feau. L'on voit auffi des cuilliers qui font faits d'un fegment d'un orbe intérieur de cette Coquille.

B 3

Fig. 2.

Fig. 2. & 3. **Les** Coquilles qui se trouvent représentées dans ces figures, appartiennent auffi à la famille des Tonnes; elles ne font pas de l'efpèce de la *Gondole couronnée mammillaire* ou *Couronne d'Ethiopie*, puisqu'il leur manque le *mammelon.* Nous les apellons le *baquet*, la *Gondole* ou LA TONNE D'AGATHE NUE'E, à caufe de fa robe & nue luifante, en Allemand, *Agate Wolkenbacken*, en Hollandois, *Agaate Wolkbakjes.* Ces coquilles n'attrapent jamais la grandeur des *Couronnes d'Ethiopie.* Le dedans de leur bouche eft violet, de même que leur extrémité fupérieure.

Fig. 4. 5. et 6. Des PATELLES COULEUR DE ROSE STRIE'ES, en Allemand *Rofenfärbige geftreifte Schüffelmufcheln*, ou *Klipkleber*, en Hollandois, *Roozekleurige Kapjes.* Ces trois Coquilles font toutes *couleur de rofe*, quoiqu'elles different l'une de l'autre. Nous avons donné déjà plufieurs *Patelles ftriées* dans cet ouvrage, mais il n'y en a une encore d'une belle couleur de rofe. Celle de la Figure 4. eft quant au fond presque toute de cette couleur, du fommet partent des ftries en forme de raïons compofées de petits points blancs. Le bord eft d'un jaune pale avec des taches d'un rouge foncé. Fig. 5. a un bord jaune beaucoup plus large, & de larges raies blanches, qui partent du fommet de la Coquille, dont le fond couleur de rofe eft parfemé d'une infinité de points d'un rouge de fang, qui font un effet très agreable. Le bord eft marbré de taches plus grandes fur un fond blanc picoté de jaune. Fig. 6. a auffi un bord large, d'un jaune plus foncé avec de petites taches couleur de rofe. Le refte de la Coquille eft auffi couleur de rofe, excepté au fommet qui eft blanchâtre. Nous aurons dans la fuite occafion de donner encore plufieurs morceaux de cette efpèce de Patelle.

PLANCHE IX.

Fig. I. HUITRE E'PINEUSE A LONGUES E'PINES, en Allemand: *Langgezackte Lazarus - Klappe*, en Hollandois, *Sterkgetakte Lazarus - Klap.* Dans la première partie de cet Ouvrage nous avons donné la copie de la valve fupèrieure de différentes *Huitres épineufes à longues épines* des Indes Orientales,

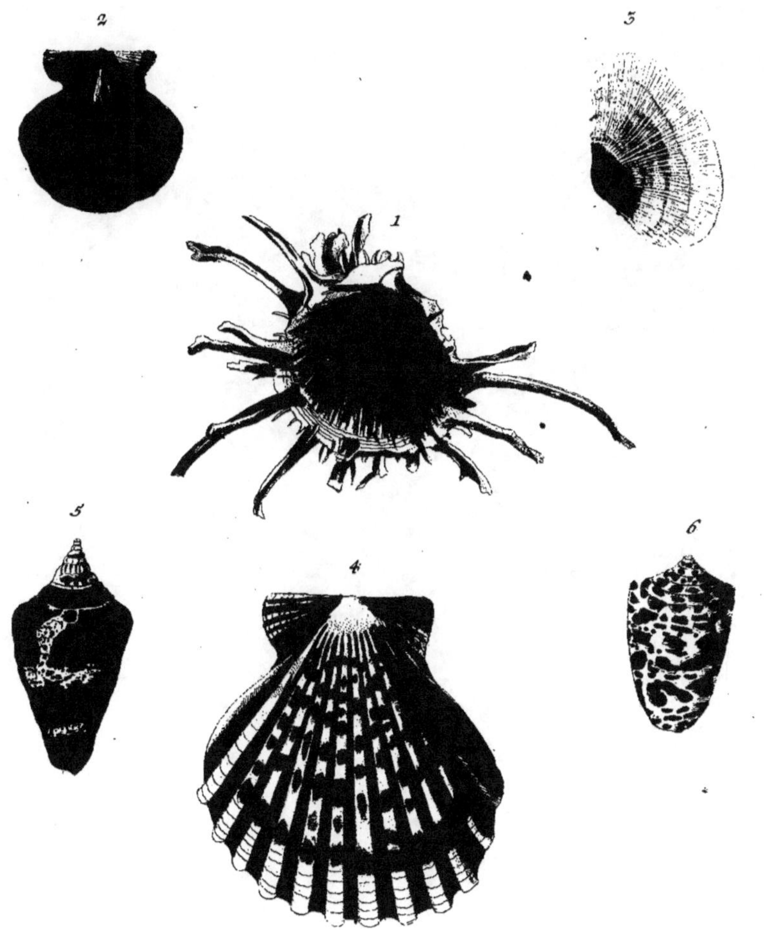

Ex Museo Houttuijniano.

les, Planche VI. d'une Huitre *couleur d'Orange*, Planche VII. d'une autre d'un *rouge vif*, Planche IX. d'une autre encore *à epines fort longues;* laquelle cependant n'eſt pas à comparer à celle qui s'offre dans cette figure. Il y-a quelque tems qu'on a aporté des Indes Occidentales des Huitres de cette eſpéce, à epines extremement longues, parmi lesquelles ſe diſtingue celle-ci, tant à l'égord de ſes épines que de ſa Couleur. La Valve ſupérieure eſt presque toute d'un rouge agréable, l'infèrieure eſt plus pâle, mais ſi elle perd du côté de la couleur, elle gagne du côté des épines, qu'el-le a d'une longueur extrème, il y en a même une qui excède le diamétre de la Coquille. Ces épines ſont larges & applatties au bout, & de forme irregulière. Vers le haut l'on voit le côté plat de la charniere de là Valve inférieure, au milieu de laquelle s'avance un petit bec applati, qui eſt ordinaire a cette eſpèce d'huitre. L'on ne comprend pas à quoi ces épines peuvent ſervir à l'Animal qui habite cette Coquille, car comme elles ſont inflexibles, elles ne ſauroient du moins lui ſervir de bras ou de jambes, cependant ce ſont des prolongations de l'ecaillè, qui certainement n'ont point été formées ſans deſſein, ce qui nous aprend, comme une infinité d'autres Phénomènes, qui s'offrent dans la Nature, combien il y a d'imperſcrutable dans ſes Ouvrages!

Fig. 2. On apelle communèment la *Gibéciere* cette eſpèce de *Manteau* à plis larges & applatis. Ils différent beaucoup quant à la couleur, ordinairement ils tirent plus ſur le brun, & n'ont pas les couleurs auſſi vives que les autres eſpèces de manteaux. Celle-ci que nous appellons GIBECIERE IAUNE, en Allemand, *gelbe Jägermantel*, en Hollandois, *Geele Jagers Mantel*, eſt du plus beau Jaune foncé tirant ſur le brun, & vient, de même que la *Telline couleur de roſe*, de la figure 3. des Indes Occidentales.

Fig. 3. On apelle cette eſpèce de Coquille, *Telline radiée couleur de roſe*, en Allemand, *Roſendoubletten*, en Hollandois, *Roos Doublet*, à cauſe de leur belle couleur de roſe. Vers la charniére, d'où il part des ſtries ou côtes fines qui s'ctendent ſur toute la coquille, ſa couleur ſe change presque en
un

un rouge d'écarlate.   Cette coquille apartient fans doute à la Famille des *Cames*, quoique d'autres la rangent parmi les *Tellines*.   L'on en trouve auffi qui font couleur de fafran, des violettes, & quelquefois d'un blanc de neige.

Fig. 4. La forme de cette Coquille juftifie le nom de *Gibeciére* (en Allemand, *die Jægers-Tafche*, en Holl. *Jaagers Weytafch*) qu'on lui a donné.   Quelques Cu-rieux la nomment fimplement *le Manteau*.   C'eft à ce qu'il paroit, le *Pecten primus five vulgaris* de RUMPHIUS, que les Malais appellent *Bia Siffir* (Peigne), & *Bia Ter-bang* (*la Conque volante*), parceque cette coquille s'élance quelquefois hors de l'eau, & fait un petit trajet dans l'air, qu'on diroit qu'elle voloit.   Sa couleur eft d'un jaune pâle tirant fur le gris, à taches d'orangé foncé, quoique ces derniéres ne fe voïent que fur l'une des deux valves.   Les oreilles en font presque égales, caractére qui diftingue celles que RUMPHIUS regarde com-me les plus rares.

Fig. 5. Cette Coquille paroit être une *Ailée à bandes* (en Allemand, *ban-dirte Laphoerner*, en Holl. *Geband Laphoorntie*) dépouillée de fon aile.   Peût-être n'en a-telle jamais eûe, l'animal qui habite cette coquille n'étant pas venû à l'achever; car l'on fçait que les Animaux qui habitent certaines efpèces d'Ailées, n'ajoutent aux lévres de leur bouche ces prolongations en forme d'aile, que lorsqu'ils font parvenûs à un certain âge.   La couleur eft d'un gris foncé, à bandes tachetées de blanc.

Fig. 6. La Famille des Cornets offre une Variété de deffein fi prodi-gieufe, qu'il eft fouvent extrèmement difficile, pour ne pas dire impof-fible, d'affigner au jufte à chaque individu la place qui lui convient.   De ce nombre eft le Cornet qui fe préfente ici, & qui ne peut fe ranger ni parmi les *Volutes mouchetées* (en Holl. *moesjes Tooten*) ou *fauffes Volutes de Guinée*, ni parmi les *Tines de beurre*.   A nôtre avis, l'efpèce à laquelle il approche le plus, c'eft la Volute à taches irreguliéres que les Hollandois appellent *de Vlooje fcheetje*; & nous croïons l'y devoir raporter d'au ant plus, que fes taches font fort inégales, femées pele-mèle grandes & petites fans

aucu-

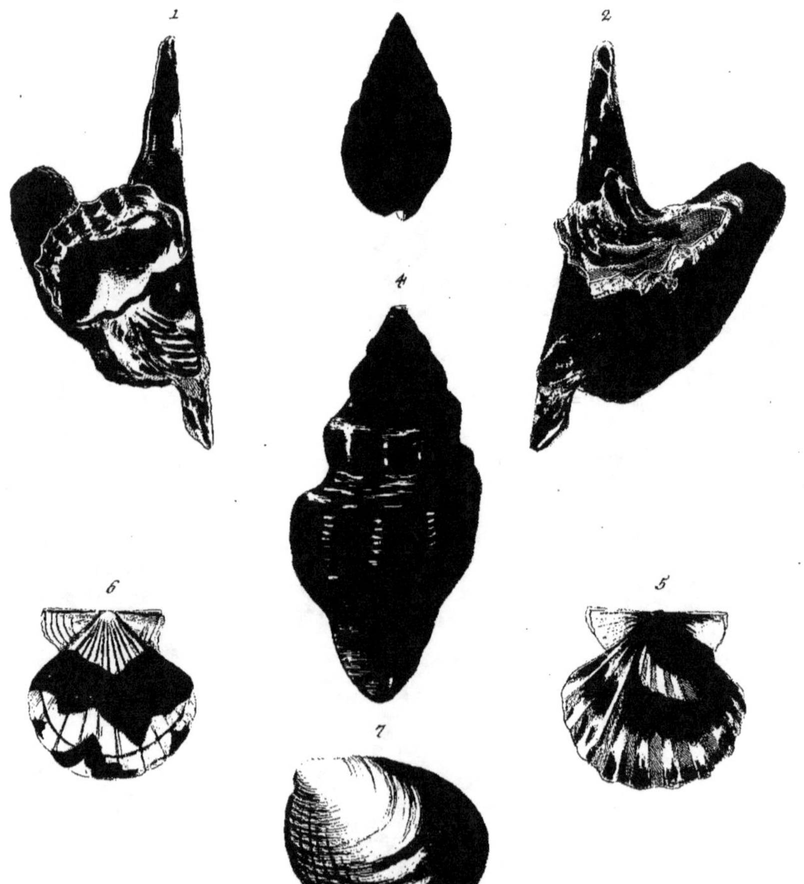

Ex Museo Houttuijniano.

J.A. Joninger sculps.

aucune regularité. Il y a des Curieux qui aiment mieux le ranger parmi les Variétés des Volutes à caractéres; mais il faut remarquer, que fur cent de cette efpèce l'on ne trouve pas deux piéces qui fe reffemblent parfaitement par la forme & l'arrangement de leurs taches.

PLANCHE X. ⁂

Fig. 1. 2. Les Coquilles grouppées d'une maniére finguliére font eftimées généralement comme des morceaux intereffans. Parmi ce nombre merite fans contredit d'être rangé *le petit Oifeau ou Hirondelle* (en Holl. *Voogel-Doublet),* dont nous offrons ici les deux valves, fig. 1. & 2. Sa belle confervation & la longueur de la quëue, qui eft confiderable, en releve le prix. A confiderer l'inégalité de leurs Valves, dont l'une eft un peu plus petite que l'autre, l'on diroit qu'elles n'appartiennent pas au même individu, mais c'eft une chofe fort ordinaire à cette efpèce d'Huitre. L'on comprendra fans difficulté que c'eft fa forme qui l'a fait nommer l'*Oifeau.* Lorfqu'on la dépouille de fa peau extérieure, qui eft d'un gris bleu ou noirâtre, l'on découvre une couche couleur d'orange, & fi l'on enléve celle-ci, il s'offre, comme dans la plûpart des coquilles, une belle nacre, qui fe fait même apercevoir par-ci par-là dans le morceau que nous avons devant les yeux. L'une de fes deux Valves fig. 1. eft chargée d'une Crête de coq de couleur violette, à l'autre adhére une Valve d'une Crête de coq femblable, qui fait voir le dedans. Il paroit de là que cette efpèce d'huitre aime à fe groupper avec d'autres coquilles, comme il eft fort ordinaire aux Huitres & aux Moules.

Fig. 3. La Coquille qui s'offre dans cette figure, peut fe raporter tant parmi les Aiguilles que parmi les Buccins. Elle merite de l'attention à caufe de fa couleur brune luifante, qui lui donne l'air du noyer. La fafcie jaunatre qui l'entoure, lui a fait donner le nom de CORNET BRUN A BANDE (en Holl. *Bruin Bandboorntje.*)

Fig. 4. La Coquille qui occupe le milieu de cette Planche, eft d'une couleur très agréable, & reffemble par le deffein de fa robe à cette Coquille précieufe que l'on connoit fous le nom de *Pavillon d'Orange.* Sa forme

Cinquième Partie.   C   me

me la fait raporter parmi les fuseaux emouſſés, & on l'apelle LE FUSEAU
D'ORANGE A TUBERCULES, (en Holl. *Geknobbelde Oranje Spil*), OU LE TAPIS
DE PERSE. Cependant en comparant les copies des fuseaux de cette eſpèce,
que nous avons données dans les Tomes précédens de cet Ouvrage, avec
le morceau que nous offrons ici, l'on y trouvera une différence très marquée, qui conſiſte en ce qu'il eſt à fond d'orange rouſsàtre, relévé d'une
maniére très agréable par des rayes onduleuſes, & que ſes orbes s'elévent
peu à peu de maniére à lui donner en quelque façon l'air d'une tour; au
lieu que les autres ſont ordinairement d'une couleur brune, & à queue plus
longue & plus éffilée.

Fig. 5. 6. Ces deux GIBECIE'RES BARIOLE'ES DE BRUN (en Holl. *Bruin bonte
Jaagers - Mantels*) reſſemblent par leur forme à celle de la fig. 2. de la Planche
précédente; mais elles en différent par leur couleur. Le fond eſt d'un
côté d'un blanc ſale, nüé de taches brunes en forme d'ondes; l'autre côté eſt plus pâle & moins chargé de taches. La Famille à laquelle ces coquilles ſe raportent, offre une Variété infinie de deſſin & de couleurs.

Fig. 7. CAME EN FORME DE COEUR DE COULEUR D'ORANGE (en Holl. *Oranje
Kleurig Hart*). Un morceau ſemblable ſe voit P. II. Pl. XX.* *fig.* 4. mais le
deſſin que nous offrons ici, eſt plus exaſt.

PLANCHE XI.

Fig. 1. Quoique nous aïons déjà donné quelques Pourpres rameuſes
brunes & bariolées dans la première Partie de cet Ouvrage Pl. XXV. XXVI.
Nous n'héſitons point d'en donner ici encore un morceau, qui merite une
attention particuliére à cauſe de ſes longues feuilles: C'eſt LA CHAUSSE - TRAPE
BRUNE A LONGUES FEUILLES , OU LE CHEVAL DE FRISE BRUN, *de* Mr. D'ARGEN-
VILLE, (en Holl. *Langgetakte bruine Krullhoorn*). Le fond en eſt d'un brun foncé
& luiſant, qui reléve d'une maniére très agréable les feuilles friſées de couleur
blanchâtre & d'une forme très élégante. Les faſcies & les bouts des feuilles ſont jaunatres. Si ces extremités avoient un peu plus de largeur, à
peu près comme dans P. III. Pl. IX.** *fig.* 3. on pourroit lui donner le nom
de

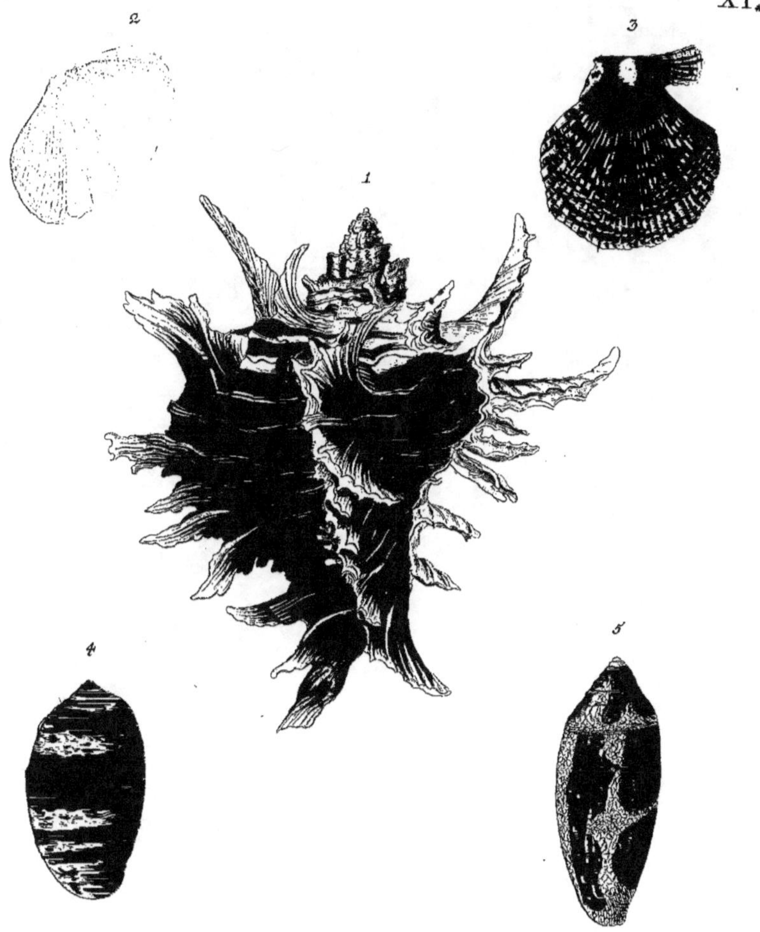

Ex Museo Houttuijniano.

G.P.Trattner Sculps.

de *Pourpre à feuilles en forme de cornes de cerf.* La bouche eſt d'un bleu tirant ſur le brun, & dans ſon intérieur ſe font apercevoir les rayes de la ſurface extérieure dont les couleurs percent un peu à cauſe de la transparence de la coquille, à peu près comme dans un morceau ſemblable de la Pl. XXV. P. I.

Fig. 2. LES TELLINES RADIE'ES, que les Hollandois appellent *Bocaſſan-Doublet*, & dont nous avons donné deux morceaux dans la ſeconde Partie Pl. XX.* offrent beaucoup de varieté dans leurs couleurs, qui depend principalement de la maniére qu'elles ſont néteiées & découvertes; & ce beau violet qui s'y trouve repandu ordinairement, tant au dedans qu'au dehors, n'eſt pas de même vivacité dans tous les individus. Celle que nous préſentons ici eſt ornée dans ſa robe extérieure de beaux rayons violets, & comme picotée de petits points. On la nomme TELLINE RADIE'E (*Geſtraal-de Bocaſſan*). Cette même eſpèce de Coquille ſe trouve auſſi de couleur de roſe, jaune, bleue & blanche, tant unie qu'avec des rayons. A' cauſe de leur largeür l'on doit la ranger plutôt parmi les Tellines que parmi les Cames.

Fig. 3. Le Manteau qui s'offre ici (apellé en Hollande *Geſtippelte Mantel*) outre ſa belle marbrure de jaune & de brun, ſe fait remarquer principalement par les points blancs, qui en garniſſent les bords dans ſa partie inférieure. La Valve de deſſous eſt d'une couleur un peu plus pâle; & l'inegalité des oreilles ſaute aux yeux.

Fig. 4. Cette Coquille peut étre appellée LA GONDOLE NÜE'E D'ORANGE (en Holl. *Oranje Wolkbakje*), parce qu'elle reſſemble par ſa forme à celles auxquelles nous donnons communement le nom de *Tonne*, à cauſe de leur bouche large & évaſée. Elle eſt nüée de taches d'orange, & faſciée de Zones d'une couleur plus foncée, de ſorte qu'on pourroit dire, qu'elle eſt parmi les Tonnes nüées ce que *l'Amiral d'Orange* eſt parmi les Cornets. Il y a des Curieux qui donnent à cette eſpèce de Coquille auſſi le nom de TONNE D'AGATE.

C 2

Fig. 5.

Fig. ʓ. D'après les caractéres que nous avons indiqués dans la seconde Partie de cet Ouvrage, pour diftinguer les Rouleaux d'avec les Tariéres, la Coquille qui s'offre fous ce No. paroit devoir être rangée parmi les premiers plutót que parmi les derniéres. On peut l'apeller LE DRAP ORANGE' A` RE'SEAU (en Holl. *Geftreepte Oranje Net - Roll*). Elle eft à fond de couleur d'orange, avec des rayes longitudinales brunes, dans les interftices desquelles l'on voit d'éfpace en efpace une efpèce de réfeau; quelques ftries transverfales la font paroitre entourée de côtes fi fines qu'elles n'ont pas pû être renduës fenfibles dans le deffein. Les orbes que l'on découvre à la tête font au nombre de fept.

PLANCHE XII.

Fig. ɪ. Dans la troifiéme Partie de cet Ouvrage Pl. VIII.** nous donnames la copie d'une *Perdrix*, & nous rendimes en même tems raifon de cette dénomination, tirée de la belle marbrure de cette Coquille. Celle que nous offrons ici, quoique du même genre, n'étant pas marbrée dans fa robe, mais feulement légérement nüée & chargée de quelques petites taches blanches, nous l'appellons LA PERDRIX BRUNE (en Holl. *Bruine Patrys*). Sa forme renflée la fait ranger parmi les *Tonnes*, en Lat. *Globofae*.

Fig. ȥ. L'on ne fauroit donner de nom plus convenable à cette belle Coquille que celui D'ANE RAYE', ANE DU CAP, ZEBRE (en Holl. *Kaapfe Ezel.*) Elle eft rare, & on la connoit feulement depuis quelques années. Nous la rangeons parmi les *Buccins*, quoique par fa forme elle reffemble en quelque maniére aux *Tonnes*. Il fe voit dans la qüatriéme Partie Pl. XXIV.*** un très beau morceau de cette efpèce; mais celui que nous préfentons ici, imite mieux la belle peau de *l'Ane fauvage du Cap*, dont il a pris le nom, par fes rayes brunes, qu'il a plus fines & plus reguliéres. D'ARGENVILLE compte parmi les raretés de fon Cabinet un morceau femblable, qu'il rapporte dans fon *Appendice de trois nouvelles Planches &c. Pl. 2. Lit. L.* Il y en a qui font d'une grandeur beaucoup plus confiderable, mais en même tems d'un très grand prix. L'on n'en voit point de copie dans d'autres Auteurs.

Fig. ȝ.

Ex Museo Houttuijniano.

J. A. Eisenmann sculps.

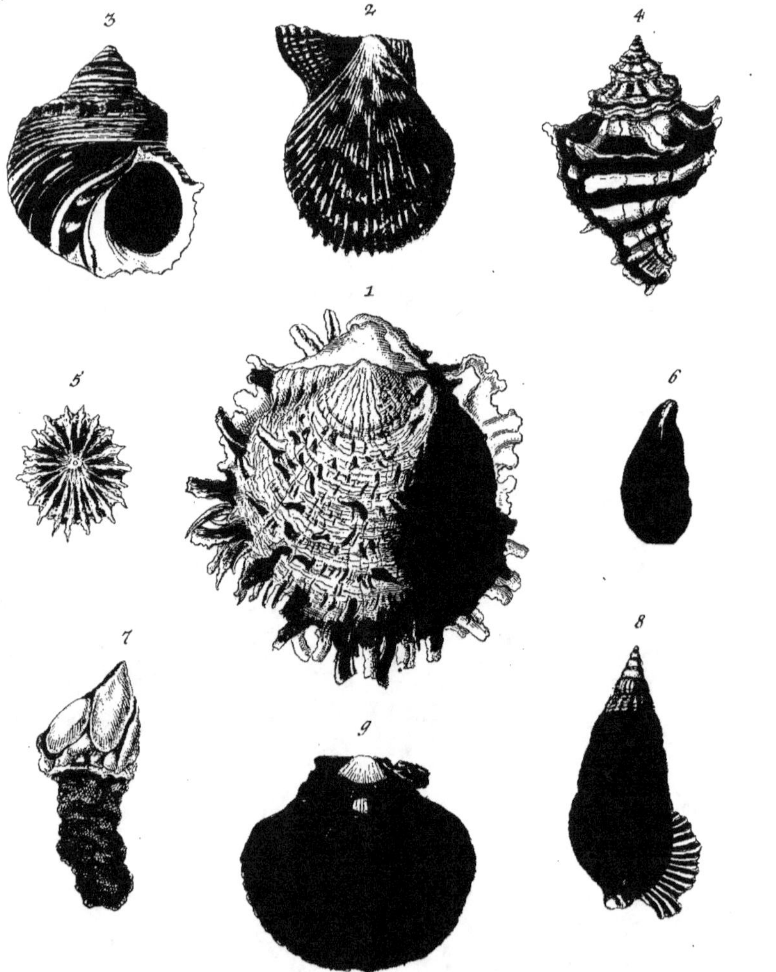

Ex Museo Houttuyniano.

G.P. Trautner sculps.

Fig. 3. Une Coquille qui reſſemble à celle dont nous donnons ici la copie, ſe voit dans la premiére Partie Pl. III. fig. 2.   L'on nomme cette eſpèce *le Turban Turc*, & il faut ſe garder de la confondre avec celle qui porte le nom de *Soldat*.   Le morceau que nous avons ſous les yeux, eſt d'un beau verd, chargé de turbercules d'une forme très élégante, qui lui ont fait donner le nom DE TURBAN TURC A BOUTONS (en Holl. *Geknobbel-de Tulband*).   Cette Coquille eſt du nombre de celles que l'on eſtime à cauſe de leur beauté.

Fig. 4. Eſpèce de Came, que les Hollandois appellent *Poſſer-Doublet*, parce qu'elle reſſemble, par ſa forme circulaire & également convexe des deux côtés, à une certaine eſpèce de gateau ou patiſſerie, convexe des deux côtés en forme de lentille; qu'ils nomment *Poffertje*, & qui approche beaucoup des gateaux que les Allemands appellent *Goguelhoepflein*.   Quelques autres morceaux de la méme eſpèce ſe trouvent déjà dans la ſeconde Partie de cet Ouvrage Pl. XXIII.*   Il y a des Curieux qui les rangent parmi les *Arches*, à cauſe de la ſtructure de leur charnière; mais elles s'en écartent trop dans toute leur conformation.   Celle dont nous offrons la copie dans cette figure, eſt à fond de couleur cendrée avec des taches noires; en Hollande elle porte le nom *de Zwartgeplekte Poffertje*.   C'eſt une Coquille rare.

Fig. 5. Ce petit Peigne, qui eſt tout couleur de Pourpre, s'apelle LE MANTEAU DE POURPRE, (en Holl. *Paarſe Mantel*,) & merite une place parmi les Coquilles qui ſe diſtinguent par leur beauté.   Celui dont nous avons donné la copie dans la ſeconde Partie Pl. III.* en différe conſiderablement.

PLANCHE XIII. ⁂

Fig. 1. Les Coquilles, comme il a été déjà remarqué dans un autre endroit, tirent leurs noms, tantôt des couleurs de leur robe, tantôt de leur forme, quelquefois auſſi des endroits qui les fourniſſent.   Le Bivalve qui orne le milieu de la Planche que nous avons ſous les yeux, eſt du nom-

C 3

bre

bre de celles qui le tirent de leur païs natal. La premiere Partie de cet
Ouvrage Pl. **VII.** & **IX.** offre des Valves detachées *d'une Huitre épineuse des
grandes Indes*, & la Pl. **IX.**‡ ‡ de cette cinquième Partie en fait voir une
qui vient *des Indes Occidentales*. Celle qui se présente ici fig. 1. s'appelle
L'HUITRE E'PINEUSE DE MALTHE (*Malthesische Lazarus Klap*); parce qu'on la
trouve dans la Mediterranée aux environs de l'Isle de Malthe. Elle se di_
stingue par les couleurs de ses Valves, dont la supérieure, qui est plus petite que l'autre, est toujours pourpre, pendant que l'inférieure est blanche.
Du reste la forme & la structure en est la même que celle des autres Huitres épineuses.

Fig. 2. Ce Peigne se distingue par sa belle couleur & son beau dessein,
qui lui ont fait donner le nom de MANTEAU D'ORANGE TACHETE' (en Holl.
Bonte Oranje Mantel).

Fig. 3. Nous avons fait mention dans les Parties précédentes de cet
Ouvrage des BOUCHES D'OR OU FOURS ARDENS, (en Holl. *Goudmond, gloeyende
Oven*), sans en représenter la bouche, de laquelle ces Coquilles tirent leur
nom; c'est ce qui nous a engagé de la faire voir dans ce beau morceau que
nous offrons sous ce No. L'intérieur de cette bouche paroit comme couvert d'une dorure vive & brillante, qui tire quelquefois sur le rouge du
feu d'un four ardent. Du reste ce limaçon se distingue tant par sa forme
que ses couleurs de celui qui se voit Part. II. Pl. XIV.* fig. 2.

Fig. 4. Comme nous avons parlé des Pourpres dans un autre endroit,
nous nous contentons de remarquer, que l'espèce que nous offrons dans cette Figure, se distingue des autres du même genre, par le nom de POURPRE
A' FASCIES NOIRES, (en Holl. *Zwart gebande Purpur - Hoorn*). Il y a des Curieux qui l'apellent aussi la *Brulée*, nom que l'on donne d'ailleurs à une autre
espèce de Pourpre. Elle est à fond blanc sale, ou jaunâtre, chargé de Zones de couleur brune foncée tirant sur le noir. L'on en trouve aussi à fascies d'Orange ou citron, comme nous verrons dans la suite.

Fig. 5.

Fig. 5. Le Lepas dont nous donnons la copie dans cette figure, eft de ceux que certains Curieux appellent TETES DE MEDUSE (en Holl. *Meduſe Hoof:,*) parceque les rayons ſaillans en dehors & recourbés, dont ils ſont chargés, leur donnent en quelque maniére l'air de la chêvelure de *Meduſe.* Ils ſont de couleur jaunatre, ou brune.

Fig. 6. Cette eſpèce de petite Moule brune s'appelle: LA MOULE BRU-NE A CÔTES (en Holl. *geribde Moſſeltje)* à cauſe de ſes côtes longitudinales; elle vient des Indes orientales, & devient rarement plus grande.

Fig. 7. La Coquille qui s'offre ſous ce No. eſt de la Claſſe des Multi-valves. C'eſt un POUSSEPIED. Les Hollandois appellent cette eſpèce de Coquille *Myters*, nom qui paroit être tiré de ſa forme. Elle eſt compoſée de pluſieurs piéces, & l'animal qui l'habite, reſſemble à celui des *Glands de mer* & des *Conques anatiféres.* Il eſt porté ſur un pedicule flexible, couvert d'une membrane ridée & comme chagrinée.

Fig. 8. Toutes les Coquilles contournées en ſpirale, de forme conique & très éffilée, ſe deſignent généralement du nom *d'Aiguilles, de Vis*, en Lat. *Strombi.* Telle eſt celle qui ſe voit dans cette figure. Elle a la lévre évaſée en forme d'aîle, ce qui lui a fait donner le nom de VIS AÎLE'E (en Holl. *gevleugeld Penhoorn.)* Il faut ſe garder de la confondre avec le petit Rocher que l'on connoit ſous le nom de *Patte d'Oïe* (v. Pl. VII.** f. 4.). Sa couleur eſt d'un brun foncé dans le fond; les orbes ſont chargés de petits boutons, dont les plus gros garniſſent celui du milieu, les autres diminuant & s'ap-platiſſant peu à peu en aprochant de la bouche, dont la lévre eſt chargée de quelques côtes peu ſaillantes. Quelques Curieux la rangent parmi les *fauſſes Tonnes.* v. BONANNI P. III. f. 68. VALENTYN la nomme: *het ſwarte Tuitje (le Bec noir).*

Fig. 9. Pour remplir le vuide nous ajoutons ici une CORALINE (*Adama-Doublet),* qui ſurpaſſe par la vivacité de ſa couleur celles qui ſe voïent dans la ſeconde Partie Pl. V.* & XVII.*

PLAN-

P L A N C H E XIV. ✲ ✲

Fig. 1. Morceau qui fe recommande tant par fa beauté, que parce qu'il eft grouppé d'une maniére très agréable. Il a déjà été parlé dans un autre endroit. **P. III. Pl. VI.**** des Huitres que l'on connoit fous le nom de *Fleurs de Mufcade*, & qui reffemblent par la ftruĉture de leur charniére aux *Huitres feuilletées.* L'on voit quelquefois des Huitres épineufes auxquelles adherent des fragmens ou feuilles detachées de ces Huitres feuilletées. Le morceau dont il s'offre ici la copie, fait voir combien ces Huitres font fujettes à fe groupper; c'eft une FLEUR DE MUSCADE à feuilles très jolies, adhérente à une Moule ailée. (*Foely-Doublet op een Vlerk-Doublet*).

Fig. 2. La Coquille qui fe préfente dans cette figure, & que nous appellons LA CAME A` LONGS CHEVEUX (en Holl. *lang gehaairde Doublet*), parcequ'elle eft chargée d'une produĉtion marine dont les fils reffemblent à des cheveux, eft très frequente dans les Mers d'Europe, & approche beaucoup d'une efpèce qui fe trouve en abondance fur les côtes feptentrionales de la Hollande; ce qui la diftingue, c'eft cette chévelure longue & noire qu'elle porte; elle revêtit feulement le dehors de la Coquille, mais les poils qui la compofent, y adhérent avec tant de force, que même avec le fecours de l'eau forte on ne vient pas à bout à les en detacher. Ces poils naiffent-ils de la Coquille même? ou n'eft-ce qu'une efpèce de Coralline, produĉtion animale de la Claffe des Zoophytes, fuivant le Syftème de MR. ELLIS, qui s'y attache? C'eft une Queftion que nous laiffons à d'autres de decider, nous contentant de dire, que nous ne faurions nous perfuader, que ce fût une produĉtion de l'Animal qui habite cette Coquille, telle qu'eft par ex. le Byffus des Pinnes marines, ou les fils qui fortent des moules, de forte que nous les regardons comme une produĉtion entiérement étrangére à ces Coquilles. Du refte la longeur de ces cheveux, dans lesquels s'eft embaraffée une petite Coquille noire, fe voit dans la figure. Dans le Golfe Adriatique ces Coquillcs chéveluës font très frequentes.

Fig. 3. 4. 5. Ces figures préfentent differens Grouppes, de la Mer Adriatique. *Fig.* 3. eft compofé de trois piéces: d'un Limaçon à bouche

ron-

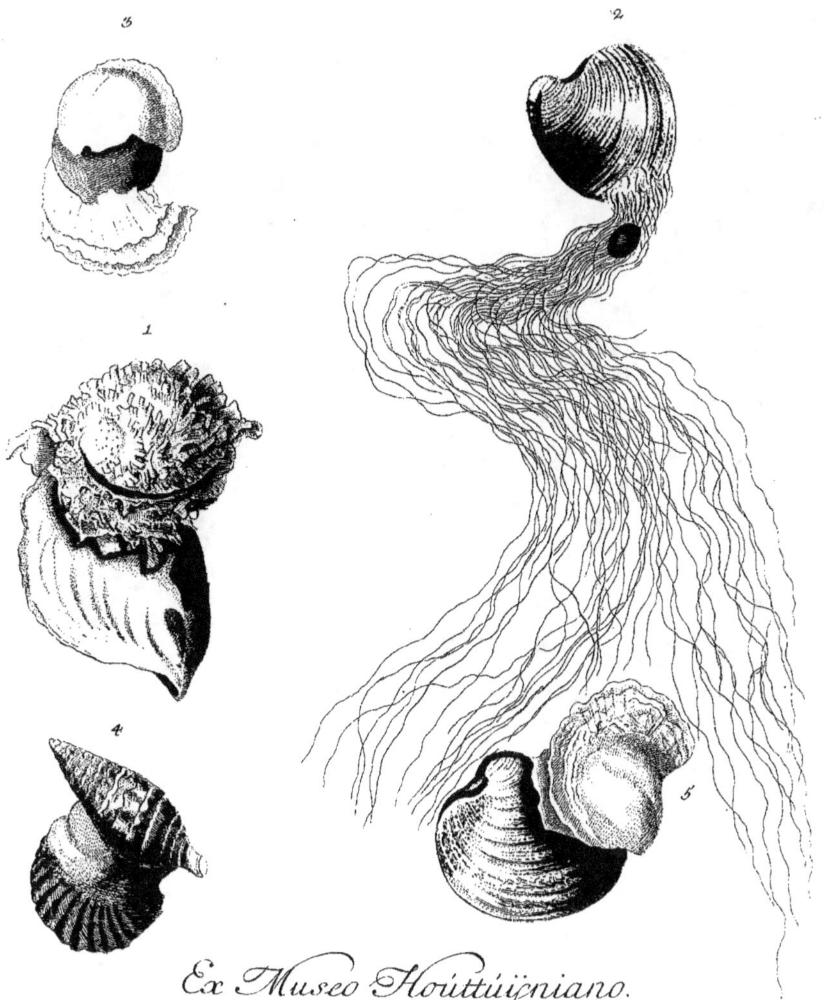

Ex Museo Houttuijniano.

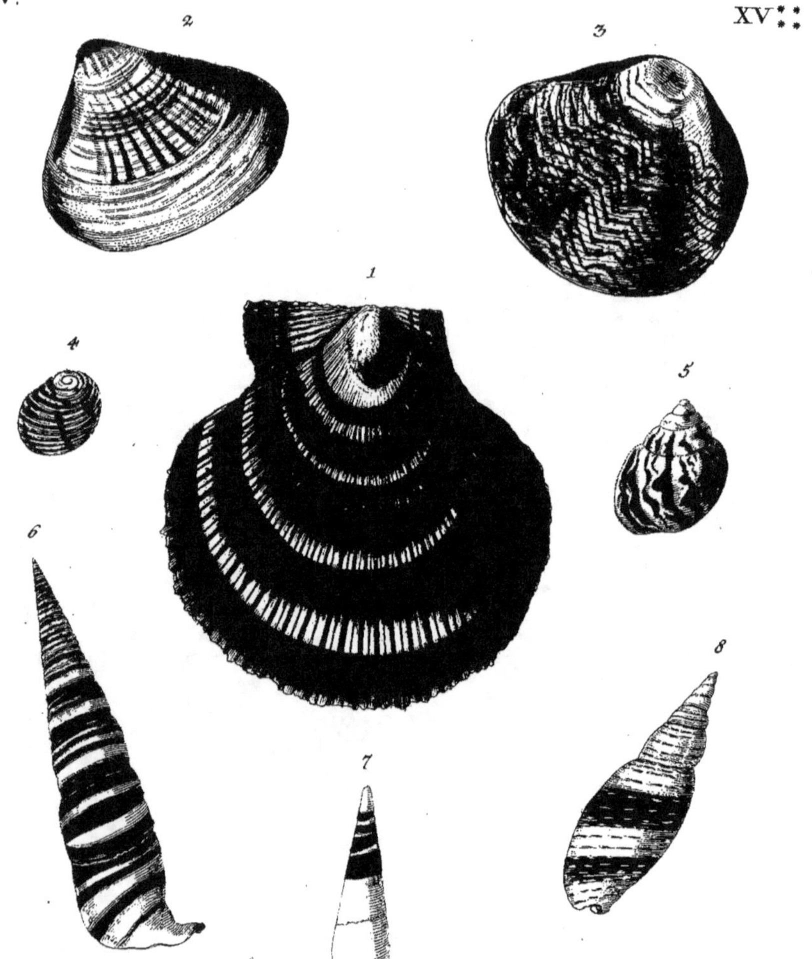

Ex Museo Houttuijniano.

G. P. Trautner sculps.

ronde, du genre des Burgaux nommés *Olearia*, & de deux petites Huitres, l'une jaune, l'autre blanche, dont les Valves se ferment exactement. *Fig.* 4. une Vis tuberculeuse, adhérente à une Huitre de couleur violette; *Fig.* 5. Une Came, (semblable à celle du No. 2.), grouppée avec une Huitre blanchatre.

Que ces Coquilles se grouppent & s'attachent ainsi les unes aux autres, arrive sans doute de la maniére suivante: Les Vers testacés forment leurs coquilles d'un suc visqueux qui se repand des pores de leur peau, & qui transude à travers ceux des premieres couches du test, qui commence à se former; ce suc se repandant continuellement au dehors, il ne peùt pas manquer d'arriver, que, deux coquilles venant, par un éffét du hazard, à être couchées l'une sur l'autre & à rester quelque tems dans cette situation sans être remüées, le suc, qui sort des deux Coquilles, se réunisse, se fige & se durcisse en vertu de sa nature calcaire; de là vient aussi que cet accident s'observe généralement dans toute sorte de coquillage, & qu'on ne peùt pas le regarder comme propre à telle ou telle espèce en particulier; à moins qu'on ne veuille regarder certaines espèces d'Huitres comme y étant préférablement sujettes, puisqu'elles ont coutume de se groupper généralement tant entr'elles les unes avec les autres, qu'avec les rocs ou d'autres corps étrangers; phénomêne facile à expliquer, lorsqu'on considere, que ce genre de Coquillage vit dans un repos moins interrompu, tandis que d'autres, qui changent de place, ne laissent pas à ce suc visqueux le tems qui lui faut pour se durcir, & pour les coller aux corps sur lesquels elles reposent.

PLANCHE XV.

Fig. 1. Ce grand & superbe MANTEAU A´ FASCIES D'ORANGE (en Holl. *Gebandeerde Mantel*) meriteroit, à cause des rayons & des Zones dont il est orné, le nom de *Sole* ou *d'Eventail de l'espèce rare*, autant que ceux qui se trouvent représentés Pl. IV. & V. *de la Ire. Partie.* (les Allemans appellent cette espèce de Peigne *Sonneweisers*, ce qui signifie *Cadrans*, parce-

Cinquème Partie.   D   qu'ils

qu'ils font garnis de Zones & de rayons, qui expriment en quelque façon les heures avec leurs divifions, comme on les voit marquées fur les Cadrans folaires). Nous nous contentons de l'appeller *le Manteau à fafcies*, à caufe de fes Zones ou fafcies, transverfales. Il en a quatre d'un rouge brun, fur un fond jaune citron, qui en reléve fupérieurement la beauté. L'autre Valve a des couleurs un peu moins vives à la verité, mais qui ne aiffent pas d'être fort belles. Ces fafcies doivent peùt-être leur naiffance à un épanchement du fuc colorant plus abondant dans ces endroits, qui faifoient les bords des additions que l'animal ajoutoit fucceffivement à fa coquille, à mefure qu'il prenoit fes accroiffements.

Fig. 2. Cette efpèce de Came s'appelle la CAME STRIE'B OU RADIE'E. Les Hollandois lui donnent le Nom de *Geftraalde Quakker.* Cette dénomination lui vient, comme nous avons eû occafion de le remarquer dans un autre endroit, du fon qu'elle rend, lorsque l'eau fe retire de l'endroit où elle fe trouve, ou lorsqu'elle ferme fes battans, & qui approche beaucoup du croaffement des grenouilles; c'eft auffi pour cela que RUMPHIUS lui a donné le nom de *Chama coaxans.* Il eft rare d'en trouver de fi belles & fi bien marquées que celle que nous offrons ici.

Fig. 3. Il a déjà été parlé dans la premiere Partie de cet Ouvrage Pl. VI. d'une efpèce de Came que l'on nomme en France *Ecriture arabique* ou *Chinoife;* celle qui fe préfente dans cette figure s'apelle L'ECRITURE ARABIQUE BATARDE (en Holl. *Baftard-Strik-Doublet*) quoiqu'elle foit plus rare que la veritable; Elle a le contour plus arrondi, & reffemble parfaitement à celle de la Lettre C. Tab. XLIII. de RUMPHIUS.

Fig. 4. On n'a qu'à comparer cette Coquille avec d'autres de même forme qui fe voïent dans cet Ouvrage, pour s'affurer qu'elle eft du Genre des *Nerites;* Nous l'appellons LA NERITE COULEUR DE ROSE, en empruntant le nom de fa couleur; comme l'on fait fouvent, pour diftinguer les Variétés qui fe rencontrent dans une même efpèce de Coquilles les unes des autres.

Fig. 5.

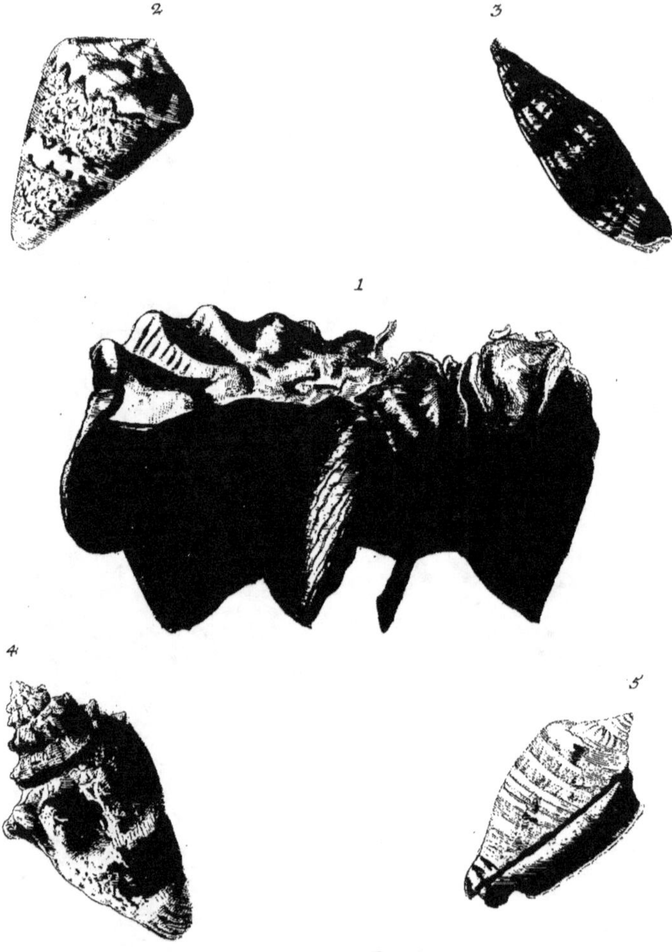

Ex Museo Houttuyniano.

G. P. Trautner sculps.

27

Fig. 5. BUCCIN TRÈS IOLIMENT MARBRÈ, par rayes longitudinales on_
duleufes, de couleur brune, fur un fond d'un blanc de neige; les Hollandois l'appellent *de bonte Kinkhoorn.* La Coque de ce Buccin eft fi mince
& transparente, que les rayons du dehors s'apperçoivent dans l'intérieur de
la bouche.

Fig. 6. Les Vis à lévres repliées & faillantes en dehors en forme de
bec (en Holl. *Snuitpen*), varient beaucoup, tant à l'égard de leur forme &
ftructure, que de leurs couleurs; il eft rare d'en voir, qui foient fi liffes
& fi joliment ftriées ou fafciées, que celle dont il s'offre ici la copie, & qui
s'apelle la CHENILLE BLANCHE À BANDES BRUNES (*gebandeerde Snuitpen*). Les
autres font la plûpart chargées de boutons ou de petits tubercules.

Fig. 7. Aiguille blanche qui fe diftingue par le ruban noir qui en enveloppe la pointe; nous l'appellons L'AIGUILLE À POINTE FASCIÈE DE NOIR,
(en Holl. *Zwart omwonden Pennetje*).

Fig. 8. Cette Coquille eft également du nombre des Aiguilles à fafcies,
dont les unes fe rangent fous la famille des Vis, les autres fous celle des
Buccins. Elle a les orbes fafciés de fauve-roux & chargés de cordelettes
fines interrompuës, ce qui lui a fait donner le nom D'AIGUILLE RUBANNÈE
À CÔTES, (en Holl. *geribde Bandpen*).

PLANCHE XVI.

Fig. 1. Il a déjà été parlé des Huitres que l'on connoit fous le nom
de *Crêtes de Coq*, à l'occafion de la Pl. X.*** de la quatrième Partie de cet
Ouvrage. Celle que nous avons fous les yeux en offre un morceau beaucoup plus grand & plus beau, qui merite le nom de CRETE DE COQ ou
OREILLE DE COCHON DOUBLE (en Holl. *dubbelde Haanekamdoublet*), parce
qu'il eft compofé de deux individus de cette efpèce d'Huitre grouppés enfemble, comme le font voir les figg. 1. 2. 3. de la Planche fuivante, qui en
repréfentent les parties. Dans celle qui s'offre ici l'on peût voir, avec
combien d'exactitude les angles faillans d'une valve s'enclavent dans les

D 2

angles

angles rentrans de l'autre; le beau violet repandu fur le dehors de ces coquilles, tandis que le dedans eft d'un brun rouffâtre, comme le fait voir la Planche qui fuit, fait un merite particulier & propre à cette efpéce; outre cela ce morceau n'eft pas moins confiderable par fa grandeur.

Fig. 2. Le Cornet qui fe voit dans la premiere Partie Pl. VII. fig. 3. s'appelle en Hollande *le Fromage verd;* ici il s'en offre un qui lui reffemble par la forme & le deffein, mais de couleur jaune tirant fur l'olive, (*Geele Kaas - Toot)*; il a beaucoup de rapport avec celui de la fig. 3. Pl. XV. de la dite Partie, dont la couleur tire plus fur le roux. La forme & la ftruéture de tous ces Cornets que l'on appelle du nom de FROMAGES eft la même, & ils ne different les uns des autres que par leurs couleurs & leur deffein.

Fig. 3. Il y a une varieté de deffein fi prodigieufe parmi les Aiguilles à fafcies, que quoiqu'il s'en trouvent deux efpèces différentes dans cet Ouvrage P. I. Pl. XV. et P. III. Pl. XXVII.** nous n'héfitons point d'en préfenter ici encore un morceau, qui eft afsés grand dans fon efpèce; c'eft UNE AIGUILLE A' FASCIES BRUNES SUR UN FOND D'ORANGE' (*bruine Oranje Bandpen).*

Fig. 4. Cette Coquille eft rangée par les uns parmi les Rochers, les autres la mettent au nombre des Aîlées; Elle eft rouge, avec quelques taches blanches. On l'appelle en Hollande *de roode Kameelhoorn,* LE CHAMEAU ROUGE. L'on en voit auffi des Variétés à fond blanc tachetées de jaune, ou ponétuées de brun, telle eft celle qui fe préfente dans la Planche V.** de la troifieme Partie. Dans le refte elle fe reffemblent toutes.

Fig. 5. Cette Coquille eft de l'efpèce qu'on nomme GUEULE NOIRE, les Hollandois l'appellent *Loehoenees Hoorntje,* dénomination qui lui vient, felon RUMPHIUS, de ce qu'on la trouve fur les côtes de *Loubou* on *Louku* (*Loekoe).* La plûpart des Curieux la rangent parmi les *Aîlées.* Ce qu'il y a de plus beau, c'eft que l'intérieur de fa bouche eft d'un rouge de fang, avec une raye longitudinale noire.

PLAN-

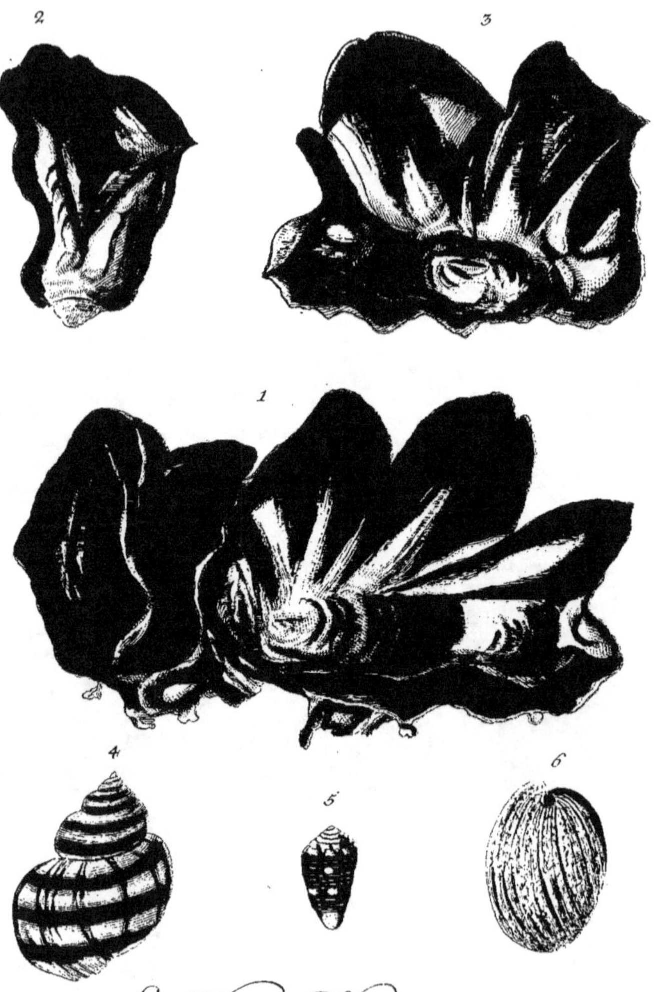

2
3
1
4
5
6
Ex Museo Houttuijniano.
G.P.Trautner sculps.

P.V. XVIII

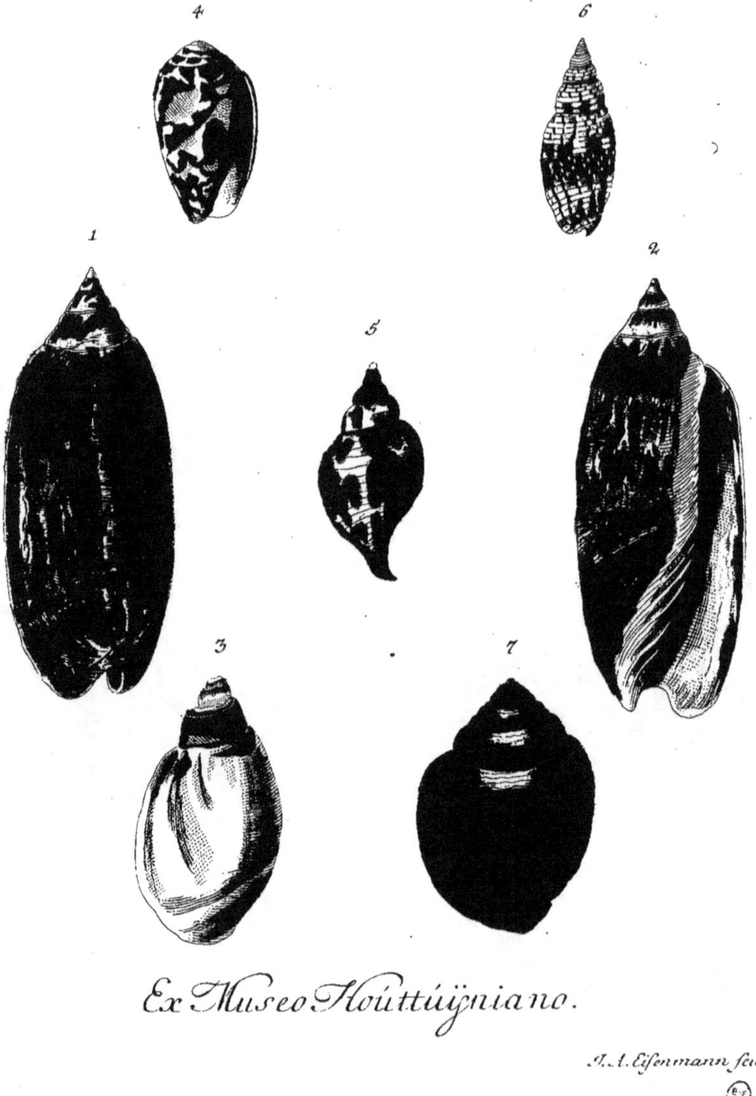

Ex Museo Houttuijniano.

J. A. Eisenmann sculps.

29

PLANCHE XVII. : :

Figg. 1. 2. 3. Nous avons jugé neceſſaire de repréſenter ici ſeparément les parties qui compoſent la Crête de Coq de la Planche précédente. Fig. 1. en fait voir la partie inférieure, qui eſt elle même compoſée de deux piéces grouppées enſemble, dont chacune fait une Valve entiére de Crête de Coq, quoique l'une n'ait que deux, l'autre quatre plis. Fig. 2. eſt la Valve ſupérieure de l'une de ces deux piéces; Fig. 3. Celle qui en couvre l'autre; comme le fait voir le nombre des plis qui y eſt le même que dans les piéces de deſſous; & cès parties réunies enſemble conſtituent ce grouppe de la Planche précédente. C'eſt du côté interne qu'elles ſe préſentent ici, il eſt d'un jaune tirant ſur le brun, bordé de violet.

Fig. 4. Comme nous ne ſaurions nous perſuader, que ce morceau vienne de la mer, nous le regardons comme une Coquille terreſtre, quoiqu'il s'écarte beaucoup des Limaçons ordinaires. Il a des faſcies d'un brun foncé ſur un fond jaunâtre, & comme par ſa forme il approche des Sabots, on pourroit le nommer LIMAÇON-SABOT À FASCIES (*gebandeerde Tophoorn*).

Fig. 5. Petite Volute d'un rouge de Corail très jolie, qui meriteroit le nom *d'Amiral d'Orange*, ſi elle avoit quelques faſcies de plus; mais cela n'étant point, nous l'appellons ſimplement LE PETIT CORNET ROUGE.

Fig. 6. Dans cette figure il s'offre une petite GONDOLE BLEUATRE (en Holl. *blaauw Kievitsey*), qui reſſemble par ſa forme à celle de couleur brune, qui ſe trouve dans la ſeconde Partie Pl. VIII.* Dans la ſuite nous en donnerons encore quelques unes, de deſſeins & de couleurs différentes.

PLANCHE XVIII. ‡ ‡

Figg. 1. 2. Parmi les Coquilles que l'on connoit ſous le nom *d'Olives*, & dont nous avons déjà préſenté quelques unes dans cet Ouvrage (v. P. II. Pl. XII.* P. III. Pl. II.** & XVII.**) ſe diſtingue celle qui s'offre dans les Figg. 1. & 2. de cette Planche d'une maniére ſi avantageuſe, que les Hol

D 3

landois

landois l'appellent ordinairement *de ongemeene*, *zeldzame*, Dadel (*l'Olive rare*). Elle est du nombre des Olives étroites & allongées (*Slugk Dadels*), puisque la largeur en est beaucoup plus petite à proportion de sa longueur, que celle des Olives ordinaires, ce qui lui donne une forme plus effilée.

Fig. 3. Quoique le nom de *Tarriére* ne convienne proprement qu'à une espèce de Vis étroite & fort éffilée, telle qu'est celle qui se voit Pl. IV.* P. II., on ne laisse pas de désigner quelquefois de ce nom quelques autres espèces de Coquilles à bouche large & angulaire par le bas. De ce nombre est la *Tarriére d'Orange* de la Pl. XVI.* de la dite Partie. Nous y rangeons aussi la Coquille qui s'offre dans la figure que nous avons sous les yeux. Sa couleur dominante est un jaune pâle nüé de blanc, la pointe est bleüe tirant sur le violet, ce qui sert à la caractériser plus particuliérement, en la designant du nom de LA TARRIE'RE IAUNE A' POINTE BLEÜE, (en Holl. *blaauw getopte geele Kuipersboor.*)

Fig. 4. Ce Cornet porte en Hollande le nom de *Schildpad Tootje*, (LA TORTUE), à cause de ses couleurs & de son dessein. Il a des taches brunes terminées de bleu, sur un fond blanc, à peu près comme le Rouleau de la fig. 2. Pl. XVI.** P. III.

Fig. 5. L'on sçait qu'il y a certaines Coquilles auxquelles on donne le nom de *Poires*, parceque leur forme approche de celle de ce fruit. Telles sont les *Poires cuites*, les *Poires seches*, les *Poires épineuses*, dont nous avons donné des échantillons dans cet Ouvrage. D'autres sont appellées *Poires couleur d'Agathe*, parcequ'elles sont agréablement nüées & d'un beau luisant, & c'est une Varieté dont on trouve quantité de fort beaux morceaux & grands dans leur espèce, comme nous verrons dans la suite. Celle qui s'offre dans cette figure, est petite, marbrée de brun sur un fond blanc, avec des raies transversales. Nous l'appellons la POIRE-AGATHE BRUNE, (en Holl. *bruin agaate Peertje*). Par sa structure elle aproche beaucoup des *Fuseaux de forme moins allongée.*

Fig. 6.

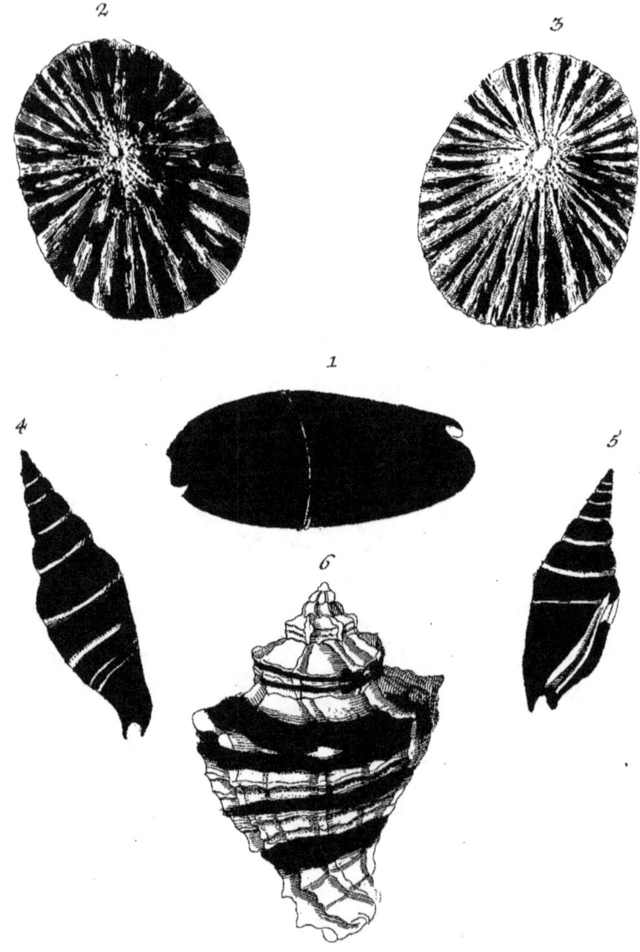

Ex Museo Hoüttuigniano.

J. A. Eisenmann sculps.

Fig. 6. Cette pétite Coquille reſſemble par ſa ſtruĉture en quelque maniére à la *Thiare*, & ſa robe eſt d'un deſſein très joli. Nous l'appellons L'AIGUILLE MARBRÉE (*gemarmerd Pennetje.*)

Fig. 7. Voici une Coquille fort belle! Par ſa forme & ſa ſtruĉture elle reſſemble en quelque façon à un Buccin, mais ſa bouche étant étroite, blanche, & garnie des deux côtés de dents ſaillans en forme de rides, il faut la ranger plutôt parmi les Rochers. La lévre extérieure eſt chargée du côté interne de plus de quatorze côtes ſaillantes en vive-aréte, & placées dans la direĉtion de la Spirale. La lévre oppoſée a des côtes de plus d'une demi ligne d'épaiſſeur. Les Auteurs ne ſont point mention de cette Coquille, du moins nous n'y en avons trouvé aucune trace. Sa ſurface extérieure a un air fort ſingulier, elle eſt raboteuſe, parſemée d'une infinité de petits grains, & chargé de ſtries transverſales, comme l'on voit dans la copie. Sa couleur paroit comme un orangé ſur lequel s'eſt repandue inégalement une couche d'un brun foncé. Tout ceci nous engage à lui donner le nom de ROCHER A ROBE GRANULEUSE ORANGE-BRUNE. (en Holl. *gegranuleerd Oranje bruin Hooren*).

PLANCHE XIX. ⁑

Fig. 1. Olive d'une beauté ſupéricure, qui meriteroit peút-étre auſſi l'épithète de *peu commune* (*de ongemeene*)? Sa robe eſt d'un verd foncé, ornée de traits & de zig-zags noirs, qui la font reſſembler en quelque maniére à celle que l'on nomme en Hollande *le Drap mortuaire* (*de Prince Begràaffenis*). Mais ce qu'il y a de plus ſingulier dans cette Olive, c'eſt une faſcie double de couleur jaune, qui l'entoure à peu près dans ſon milieu; c'eſt ce qui nous la ſait appeller: L'OLIVE A FASCIE IAUNE, (*geel gebandeerde Dadel*).

Fig. 2. Nous avons donné ci-deſſus Pl. VIII. ⁑ fig. 4. 5. & 6. quelques Variétés de *Lepas couleur de roſe*. Ici nous en offrons une autre, qui eſt fort belle, A TETE COULEUR DE ROSE, RADIEE ET MARBREE DE BRUN DANS LE RESTE, (en Holl. *bruin geſtraald Kapje*).

Fig. 3.

Fig. 3. LEPAS A` LARGES RAYONS ROUGES SUR UN FOND IAUNĒ, très agréable. (en Holl. *roodagtig geftraalde Kapje*). C'eft par fes rayons qu'il fe diftingue des autres dont la variété eft presqu'infinie.

Figg. 4. 5. Nous avons déjà eû occafion de remarquer, combien l'on trouve de Variété dans les couleurs & le deffein des *Aiguilles fafciées;* on peut s'en convaincre encore par les deux morceaux qui s'offrent içi. Celui de la fig. 4. eft une Aiguille à fafcies blanchâtres fur un fond brun clair; l'autre eft ornée de belles fafcies jaunes fur un fond brun foncé. Nous fommes tenté de croire, que fi ce dernier venoit à être découvert d'avantage, le fond en deviendroit plus clair & les fafcies blanchâtres; car ils font l'un & l'autre abfolument de la même efpèce; auffi l'un & l'autre a une lévre repliée, & l'interieur de la bouche blanchâtre.

Fig. 6. Le nom de *Pourpre* fe donne non feulement à une Famille entiére de Coquillages, à laquelle fe rapportent les *Araignées,* tant à fimple qu'à double rang d'épines, les *Becaffes* tant épineufes que fans épines, les *Chicorées &c.* mais auffi à une certaine efpèce en particulier, la *Pourpre proprement dite.* Cette derniere eft plutôt tuberculeufe qu'épineufe, ce qui la diftingue des *Brulées* & des autres efpèces de *Pourpres rameufes.* Elle eft jaunâtre à fafcies transverfales larges. Ces fafcies font la plûpart noires, & l'on n'en voit que fort peu où elles foïent d'une autre couleur. Le morceau que nous offrons ici, doit donc être compté parmi les rares, puisqu'il a de très belles fafcies orangées, au lieu de noires, ce qui nous a engagé à lui donner le nom de POURPRE A` FASCIES ORANGE`RS (en Holl. *Oranje Purpur Hooren*). Dans le refte il s'accorde entiérement avec d'autres de la méme efpèce.

PLANCHE XX. ✳ ✳

Figg. 1. 2. Les Volutes cylindriques nüées, que l'on connoit en Hollande fous le nom *d'Agate Wolkbakken*, fe diftinguent par leur bouche des *Rouleaux* ou *Olives* auffi bien que des *Cornets*. L'on en voit de toute forte de couleur, & celle qui s'offre ici, n'eft certainement pas des moindres.
Nous

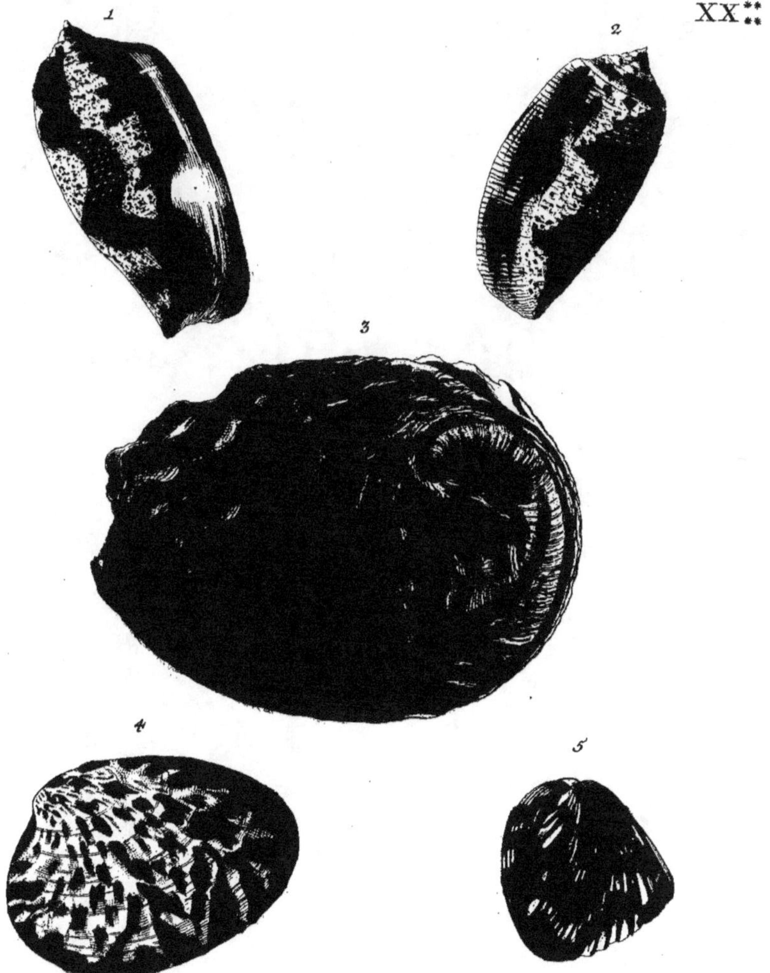

Ex Museo Houttuijniano.

G.P.Trautner sculps.

Nous l'appellons LA TULIPE (en Holl. *de Tulp*), en fuivant D'ARGENVILLE, qui donne ce nom à cette efpèce de Volute, dans la nouvelle Edition de fa Conchyliologie, où il en préfente un beau morceau Pl. XIII. L. B. Les couleurs & le deffein de fa robe, tant du côté interne que dans fon extérieur, fe voïent dans les copies que nous en donnons ici, qui ont été tirées de deux individus de la même efpèce.

Fig. 3. On n'a qu'à jetter un coup d'oeil fur les Oreilles de Mer qui fe voïent dans les Parties précédentes de cet Ouvrage, & qui font très frequentes, pour s'affurer que celle que nous offrons dans cette figure, en différe confidérablement & à plufieurs égards. Nous ne parlons pas du nombre des trous, ni des tubercules qui en garniffent les bords, & dont il y en a jufqu'à vingt, nombre plus grand que dans d'autres: mais de ces ftries élevées en vive·arrête, en forme de feuilles ou rides faillantes, qui en relévent beaucoup la beauté, & dont elle tire le nom d'OREILLE DE MER A' FEUILLES (en Holl. *de geblaaderd Zeeoor*). Nous n'en avons point trouvé de copie ni de defcription dans les Auteurs que nous avons confultés. Elle eft nacrée en dedans, avec des taches de la couleur du cuivre poli; cette efpéce vient probablement des Indes Orientales.

Fig. 4. Les CAMES que l'on connoit fous le nom de TRUITE'ES OU TIGRE'ES (en Holl. *Tyger-Doublet*) font ornées de taches, tantôt d'un jaune pâle, tantôt d'un brun foncé. Un morceau de la premiére efpéce fe trouve dans la feconde Partie de cet Ouvrage Pl. XVIII.✳✳ Celui qui s'offre ici eft de la derniére, ornée de deux ftries plattes en forme de rayons qui s'élargiffent, compofées de taches brunes foncées, comme le fait voir la copie que nous avons fous les yeux, & qui a mieux réüffi à tous égards que l'autre que nous venons de citer.

Fig. 5. La *Fraize* qui fe préfente dans cette figure eft beaucoup plus belle que celle qui fe voit Pl. XXIX.✳ de la feconde Partie. C'eft une FRAIZE BRUNE (en Holl. *bruine Aardbey*). Elle fe trouve repréfentée du côté de fa partie artérieure, pour faire voir la réunion des deux Valves qui la compofent, & qui donne à cette Coquille un air fort fingulier.

Cinquième Partie.   E   PLAN-

PLANCHE XXI.

Fig. 1. Il a été parlé ci-deſſus des Coquilles que certains Curieux déſignent du nom de *Poires*. Dans la premiere Partie de cet Ouvrage Pl. XXX. il en a été repréſenté une de l'eſpèce qu'ils appellent *la Poire épineuſe*. Dans la ſeconde Pl. VII.* l'on voit une *Poire cuite*. La Planche que nous avons ſous les yeux en offre une de l'eſpèce qu'ils nomment LA POIRE SECHE (en Holl. *gedroogde Peer*. La forme de cette Coquille eſt celle d'une Poire, & ce qui lui a fait donner l'épithéte de *ſeche*, ce ſont les rides dont elle eſt chargée. Elle reſſemble en quelque maniére à une eſpèce de Buccin raboteux, que les Hollandois appellent *Voethoorn*, par le bourrelet qui garnit ſa lèvre, quoique dans le reſte elle s'en écarte beaucoup. La couleur en eſt d'un jaune brun.

Fig. 2. Nous donnons à cette Coquille le nom de RAVE, (en Holl. *de Raap, Knolhoorn*), pour la diſtinguer d'une autre, qui lui reſſemble, mais qui eſt beaucoup plus mince & de couleur jaune, repréſentée dans la premiere Partie Pl. XIX. fig. 5. & à laquelle nous donnons celui de *Rave renflée en forme de globe & papiracée*, à cauſe des ſa coque mince & fragile. La forme de celle que nous avons ſous les yeux eſt celle d'une Rave épaiſſe & large. C'eſt une Coquille qui n'eſt pas des plus frequentes; il y a des Curieux qui donnent à cette eſpèce auſſi le nom de *Rave épineuſe*. Sa couleur eſt un jaune pâle & griſâtre. Le premier de ſes Orbes, qui eſt en même tems le plus grand & le plus renflé, eſt chargé d'épines. L'interieur de la bouche eſt d'un blanc jaunâtre.

Fig. 4. 5. Il a déjà été parlé (dans l'explication de la deuxieme Planche de la premiere Partie de cet Ouvrage) d'une certaine eſpèce de Limaçon terreſtre des Indes, que l'on nomme *Cornet de Poſtillon, Cornet de S. Hubert*. Les figures que nous avons devant nous en préſentent encore deux beaux morceaux, ornés de faſcies & très joliment marqués. Ils ont la bouche large & évaſée, de ſorte que l'on ne ſauroit leur refuſer le nom de *Cornets de Poſtillon*, quoiqu'il y ait des Curieux qui leur donnent celui de *Tonnes*-

Leur

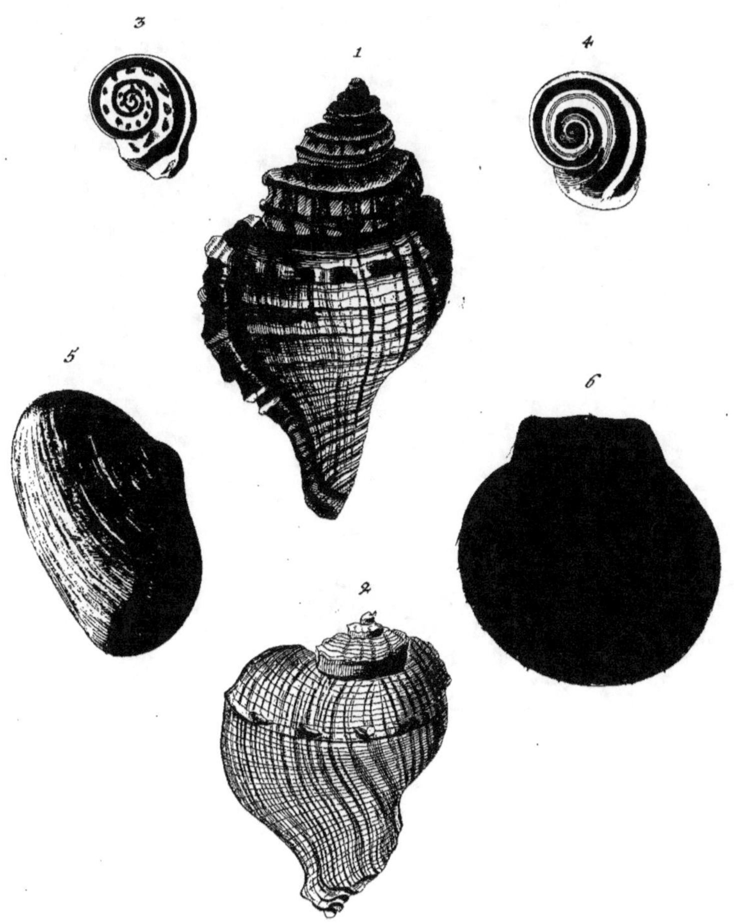

Ex Museo Houttuyniano.

Andr. Hoffer sculps.

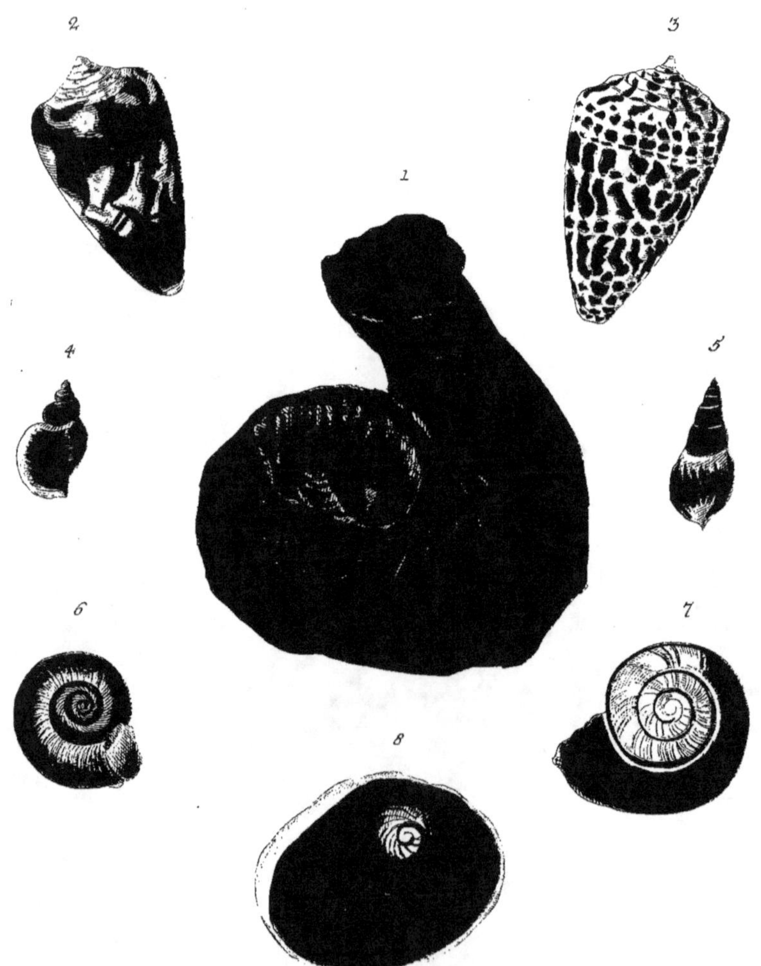

Ex Museo Houttuijniano.

Andr. Hoffer sculps.

Leur robe eft ornée de fafcies brunes fur un fond blanc; & dans l'un les interftices que les bandes laiffent entr'elles, font parfemées encore de points bruns, qui lui donnent un air très agréable. Nous leur donnons le nom de CORNETS DE POSTILLON A FASCIES, (en Holl. *gebandeerd Pofthoorntje*).

Fig. 5. LES TELLINES RADIE'ES, que les Hollandois appellent *Bocaffan-Doublet*, prennent un brillant admirable lorfqu'elles font découvertes & polies. Celle dont ils s'offre ici la copie eft d'un rouge vif & luifant, bordée de violet autour de la charniére & aux côtés. En Hollande elle s'appelle *de roodglanzige Bocaffan-Doublet.* Il eft facile de juger quel doit être l'éffet de ces Tellines radiées dans une Collection de Coquilles.

Fig. 6. L'on fçait que dans la *Sole* ou *Eventail* (efpèce de *Peigne*) les deux valves different dans leurs couleurs l'une de l'autre; l'une par ex. eft d'un rouge pâle tandis que l'autre eft totalement blanche, comme dans celle qui fe voit dans la premiere Partie Pl. XX. f. 3. 4. Mais une Sole telle que celle dont nous offrons ici la copie, à valve fupérieure ornée de rayons d'un rouge éclatant fur un fond citron, doit certainement être un morceau fort rare. Nous la nommons LA SOLE RAYONE'E DE ROUGE, (en Holl. *de roodge-ftraalde Kompafs-Schulp*).

PLANCHE XXII. ✲ ✲

Fig. 1. Dans la premiere Partie de cet Ouvrage nous avons déjà eû occafion de parler de différentes efpèces de ces Vermiffeaux de Mer, que l'on a coutume de conferver parmi les Coquillages. Ici nous en offrons un morceau, qui fe fait remarquer par fa largeur, qui eft très confiderable. C'eft un GRAND VERMISSEAU NOIR, (en Holl. *een dikke zwarte Darm*), ridé, & contourné en fpirale; applati dans fa furface inférieure. N'ayant point trouvé de copie d'un tel Vermiffeau dans les Auteurs que nous avons confultés, nous n'avons point douté de la donner ici & de l'affocier aux belles Coquilles.

Fig. 2. Il n'y a peût-être pas de Genre de Coquilles où l'on rencontre plus de Varieté dans le deffein & les couleurs, parmi les individûs qui fe rapportent à une même efpèce, que l'on ne trouve parmi les Cornets.

E 2

Celui

Celui qui s'offre dans cette figure approche beaucoup de celui que certains Curièux nomment *la Tortue*; mais comme il n'eſt pas précifement de cette même eſpèce, nous aimons mieux l'appeller fimplement le CORNET MARBRE´ DE BRUN (*de bruin gemarmerde Toot,*); parce qu'il eſt orné de ta. ches brunes fur un fond blanc.

Fig. 3. L'on donne à cette Coquille le nom D'HE´BRAÏQUE (en Holl. *de Hebreeufche Letter Toot*), à caufe des taches noires répanduës fur fa robe blanche, qui imitent en quelque façon les caractéres hébraïques. Il eſt vrai, que ce n'eſt qu'avec le fecours d'une bonne imagination qu'on les dif. cerne; mais aidé une fois de ce conducteur on. découvre même tous les accents de cette Langue dans les intervalles qui feparent les lignes. Du reſte ce Cornet ne différe de la *fauſſe Guinée* qu'en ce que les taches de cette derniére font jaunes, au lieu que celles du premier font noires ou d'un brun foncé & noirâtre. L'une & l'autre vient des Indes occidentales, & les Isles Antilles en foürniſſent un aſſez bon nombre.

Fig. 4. Ce petit *Buccin* fe fait remarquer par fa couleur brune noirâtre, & la lifiére blanche qui borde fa lévre. Nous l'appellons fimplement LE PETIT BUCCIN NOIR, (en Holl. *het zwart Kinkhoorn*).

Fig. 5. Cette figure offre une AIGUILLE DE COULEUR BRUNE, (en Holl. *bruin Pennetje*), de forme aſſés bombée dans fa partie inférieure, & dont le premier orbe eſt bordé de blanc. Ce morceau, de même que le précédent, vient des Indes occidentales.

Fig. 6. CORNET DE POSTILLON, à centre un peu affaiſſé & concave, de couleur jaune tirant fur le brun. Il faut le. comparer avec ceux de la Plan. che précédente pour en voir les différences. C'eſt une Coquille terreſtre d'Europe, auſſi bien que ces derniers.

Fig. 7. Cette Coquille, dont les orbes s'élévent un peu vers le centre, quoiqu'aſſés déprimés, fi on les compare avec ceux des Efcargots, eſt du genre des CARACOLS. Elle eſt de couleur brune bordée de blanc. En Hollande on la nomme *de bleekbruine Carcal.*

Fig. 8.

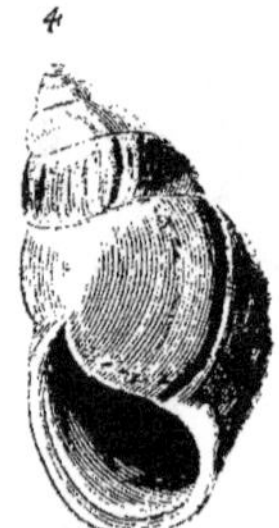

Ex Museo Houttuyniano.

G. P. Trautner sculps.

37

Fig. 8. L'on donne aux Opercules qui ferment la bouche des Coquillages univalves, lorsqu'ils font de forme orbiculaire, comme celui qui s'offre dans cette figure, les noms D'UMBILICS DE MER OU NOMBRILS DE VENUS, (en Holl. *Zee - Navels*). Du nombre de ces Coquillages operculés font: les LIMAÇONS À BOUCHE RONDE, L'OLEARIA, (en Holl. *de bonte Knobbelhoorn, Reuze - Oor*) &c. d'où il vient, que ces Nombrils de Venus fe trouvent fouvent d'une grandeur très confidérable, & quelquefois même jusqu'à un pied de large. Le côté qui regarde l'intérieur de la Coquille, & qui eft celui qui fe trouve ici repréfenté, eft fort uni, de couleur brune, & marqué d'une fpirale dans l'endroit où il eft attaché à l'animal. Le côté extérieur eft convexe, blanchâtre, tirant fur le verd, quelquefois auffi bleuâtre. Dans l'Ouvrage de RUMPHIUS *Amboin. Rariteitkamer* &c. Pl. XIX. fe trouve une figure qui fait voir comment ces Umbilics ferment la bouche de leurs Coquilles.

PLANCHE XXIII. ⁑ ⁑

Fig. 1. Il n'y a peût - être pas de Coquille plus précieufe que la SCALATA DE L'ISLE D'AMBOÏNE, (en Holl. *d'Amboinfche Wenteltrap*), furtout lorsqu'elle eft d'une grandeur confidérable, & qu'elle a conferué fa pointe & fa couleur naturelle. Nous en avons donné une dans la quatriéme Partie Pl. XX.*** d'une très belle couleur, & d'un pouce & demi de longueur. Celle qui s'offre dans la figure que nous avons fous les yeux, la furpaffe confiderablement en longueur, quoiqu'elle lui cêde par raport à la couleur, qui a un peu moins de vivacité. Elle a presque deux pouces de long, & un tel morceau vaut toujours 350. à 450. Livres. Il y en a qui font beaucoup plus chéres encore, pour n'être qu'un peu plus belles & plus longues; ces dernieres fe païent en Hollande quelques centaines de florins la piéce; & même, fuivant le rapport d'un de nos Amis, l'on rencontre aux Indes des Amateurs qui poffedent fouvent une demi - douzaine des ces Coquillés, qu'ils regardent comme un trèfor, & dont ils éftiment chaque morceau jusqu'à 3500 Livres & audelà. L on voit par là d'ou vient la cherté de plufieurs fortes de Coquillages. Car fi dans des Païs riches les Curieux donnent quel

E 3

ques

ques douzaines de Louis pour quelques Coquilles, ou même pour un feul morceau, il n'y a pas de quoi s'étonner, fi dans les Païs où l'argent eft plus rare, les Coquilles rares ne font pas fort nombreufes, & fi, généralement parlant, nous trouvons déjà trop chers les prix auxquels elles fe vendent en Hollande, pour ne rien dire de ceux qu'on y met aux Indes, en Angleterre & dans d'autres Païs; & fi l'on confidére encore que le nombre des Curieux & des Cabinets augmentent tous les jours, l'on ne fera point furpris, de ce que le plaifir, que nous donne la poffeffion de fi rares morceaux, ne fe procure pas à peu de fraix. Du refte la Scalata qui fe voit dans cette figure eft à peu près de la même grandeur & de la même beauté que celles de RUMPHIUS & de VALENTYN.

Fig. 2. Dans la quatriéme Partie de cet Ouvrage Pl. XXIX.*** nous donnames la copie de quelques unes de ces Coquilles que l'on avoit apportées depuis peû des Côtes de la Terre Magellanique, ou des Isles Malouines fituées à l'Eft du Detroit de Magellan. Il y a dans ce nombre des Buccins à fond jaune, chargés de ftries longitudinales, onduleufes, fort jolies, ou de zig-zags bruns, tel eft ce petit qui s'offre dans cette figure, dont les orbes font plus allongés, & la bouche un peu plus pointuë, que dans d'autres. Nous l'appellons le BUCCIN MAGELLANIQUE STRIÉ *(de geftreepte Magellaenfcbe Hoorn).* C'eft un morceau fort rare.

Fig. 3. Il a déjà été remarqué (dans la premiere Partie) qu'il y a une efpèce d'*Aîlée* à laquelle, outre le nom de *Pigeonneau*, on donne auffi celui d'*Artimon*, parcequ'on lui trouve quelque reffemblance avec le Voile qu'on defigne de ce nom. L'on en trouve des Variétés qui fe diftinguent les unes des autres d'une maniére très marquée. Celle qui fe voit dans la P.I. Pl. XVIII. fig. 5. s'apelle *le Pigeonneau* ou *la Tourterelle*, à caufe de fa lévre étendüe en forme d'aîle. Dans la troifiéme Partie Pl. XX.** fig. 2. fe prefente un *Artimon entortillé;* & dans la même Partie Pl. XIII. ** fig. 3. fe voit celle qui s'appelle proprement *le Voile d'Artimon*, & c'eft à celle-ci que reffemble affés bien celle dont nous avons actuellement fous les yeux la copie. A caufe de fa belle marbrure nous lui donnons le nom D'ARTIMON

MAR-

Ex Museo Houttuijniano.

G.P.Trautner sculps.

MARBRE' (en Holl. *gemarmerd Bezaantje*); nous n'avons point trouvé de fi beau chez les Auteurs que nous avons confultés.

Fig. 4. Parmi les Coquilles de cette efpèce, qui font Fluviatiles, l'on trouve quelquefois des individus qui font tournés de droite à gauche, & que l'on regarde comme des morceaux rares. La Pl. XXVIII.✳✳✳ de la quatriéme Partie offre deux piéces dont l'une (fig. 5.) eft tournée de la maniére que nous venons de dire. Celle dont il fe préfente ici la copie eft de couleur verte en dehors & jaune en dedans. Nous l'appellons L'UNIQUE VERDATRE (en Holl. *Groenagtige linkfe Topslak*).

Fig. 5. Cette Coquille, tournée comme la précédente de droite à gauche, lui reffemble auffi par fa forme. Elle eft couleur de Caffée, avec quelques fafcies jaunes; à la pointe elle eft un peu plus pâle. Ces Variétés font un éffet très agréable dans une Collection de Coquillages. La fig. 5. de la Pl. XVI. P. I. en offre encore une d'une couleur admirable.

PLANCHE XXIV. ⁂

Fig. 1. Dans cette figure il s'offre un morceau fuperbe; c'eft un AMIRAL D'ORANGE (en Holl. *Oranje Admiral*) d'un teint plus naturel, quoique de couleurs moins vives, que celui qui fe voit dans la huitiéme Planche de la première Partie. Un morceau tel que celui-ci fe païe 50. jufqu'à cent florins.

Fig. 2. Ce Cornet reffemble en quelque maniére à celui qui fe voit dans la troifiéme Partie Pl. VI. ✳✳ fig. 5. & que l'on nomme ordinairement L'AMIRAL D'ORANGE DES INDES OCCIDENTALES (en Holl. *Weftindifche Oranje - Admiraal*); mais les couleurs de celui que nous avons fous les yeux font d'une vivacité extraordinaire; & outre le beau rouge de Corail de fa robe, il eft orné de quelques zones ponctüées.

Fig. 3. Il y a des Curieux qui donnent à cette Coquille auffi le nom de *l'Admiral d'Orange des Indes occidentales*, mais ce n'eft qu'un Cornet fafcié, qui a quelque reffemblance avec celui que l'on nomme l'*Amiral*. Nous lui donnons celui de CORNET A' ZONES ORANGE' (en Holl. *Oranje - Band - Toot*) La Variété qui fe remarque dans les couleurs & le deffein des Cornets eft fi

pro-

prodigieuſe, que l'on a ſouvent de la peine à trouver des noms propres à les caraƈtériſer ſuffiſamment & à les diſtinguer les uns des autres.

Fig. 4. Les Curieux ne ſont pas entiérement d'accord à quelle eſpèce de Cornet ils doivent donner le nom de *Vice-Amiral.* Les François déſignent de ce nom ceux qui reſſemblent par leur deſſein au *grand Amiral,* à cela près que la Zone jaune du milieu n'eſt point chargée de bandelette; (tel eſt celui qui ſe voit dans la I.e Part Pl. VIII. fig. 2.) Les Hollandois au contraire donnent à ces ſortes de Cornets indifféremment le nom d'*Amiral;* déſignant de celui de *Vice-Amiral (Vice-Amiraal)* tous les Cornets qui ont la forme & la ſtruƈture des Amiraux, qu'ils ſoïent d'ailleurs faſciés ou non, pourvû qu'ils ſe diſtinguent par la beauté & le deſſein de la marbrure de leur robe; tel eſt le petit Cornet à rézeau de couleur rougeâtre ſur un fond blanc, chargé de quelques taches brunes, qui s'offre dans cette figure, & qui reſſemble en quelque maniére au Cornet que l'on nomme en Hollande la *Toile d'Araignée,* en France l'*Eſplandian.*

Fig. 5. La *Volute de Guinée,* eſpèce de Cornet qui s'appelle en France l'*Aîle de Papillon,* doit ſon nòm aux Côtes de *Guinée* d'où elle nous eſt apportée. Nous en avons déja donné un très beau morceau dans la troiſiéme Partie de cet Ouvrage Pl. I.** fig. 1. Une fauſſe Guinée, qui vient de ces mémes côtes, ſe voit Pl. VII.** fig. 4. de la Partie que nous venons de citer; elle reſſemble, par ſon deſſein, beaucoup à celle que nous avons ſous les yeux; nous avons donné ici une place à cette derniére, parce qu'elle eſt d'une beauté qui l'emporte de beaucoup ſur celle de l'autre. Sa couleur jaune la diſtingue aſſez d'un Cornet, dont nous avons donné la copie Pl. XXII.* * de cette Partie fig. 3. & que certains Curieux appellent *la fauſſe Guinée des Indes Occidentales.* Comme du reſte les taches qui ornent cette eſpèce de FAUSSE AÎLE DE PAPILLON (en Holl. *Baſtard Guineeſche Toot*) reſſemblent ſouvent par leur forme à des caraƈtéres, il y a des Curieux qui rangent ces Cornets parmi les *Hebraïques.*

Fig. 6. Dans cette figure s'offre encore un deſſein de la *Scalata de l'Iſle d'Amboïne* de la fig. 1. de la Planche précédente XXIII. * * tiré de l'autre côté, pour en faire voir la bouche.

PLAN-

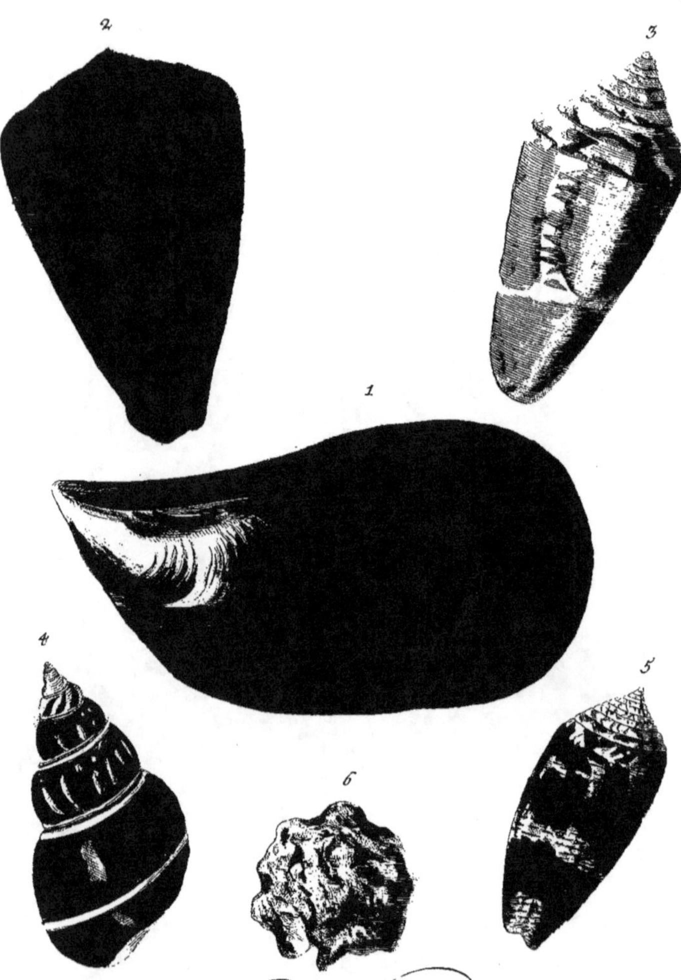

Ex Museo Houttuijniano.

Andr. Hoffer sculp.

PLANCHE XXV.

Fig. 1. Dans la quatriéme Partie de cet Ouvrage Pl. XV. ✳✳✳ nous avions préfenté deux *Moules* Europeenes de couleur violette, une Moule verte d'*Alger* ou *de Barbarie*, une Moule rayonnée *des Indes Occidentales* ou *de la Terre des Papons*, & une autre de forme allongée *du Detroit de Magellan*, qui différe beaucoup de la Magellanique bleüe à côtes qui fe voit dans la même Partie Pl. XXX. ✳✳✳ La figure que nous avons fous les yeux, en offre encore une, qui s'écarte beaucoup de celles dont nous venons de parler. Sa largeur excéde la moitié de fa longeur, de forte que par fa forme elle reffemble beaucoup aux *Jambons*. Lorsque les deux battans fe trouvent appliqués l'un contre l'autre, leurs fommets fe joignent en s'inclinant l'un vers l'autre, au lieu que dans la *Magellanique allongée* ils fe tiennent ecartés. La couleur eft d'un bleû foncé, nüé de pourpre, & quelquefois comme fafcié. Le nom qui paroit lui convenir le mieux, c'eft celui de MOULE LARGE BLEÜE (en Holl. *de breede blaauwe Moffel*).

N. 2. La Coquille qui s'offre fous ce No. eft du nombre de celles qui tirent leur nom de leur couleur. On la nomme en France LA MINIME, en Hollande *de Eikenhouts-Toot*, c'eft à dire LE BOIS DE CHENE, parce qu'elle imite cette efpèce de bois avec fes veines, tant par fa couleur, que par les raies transverfales dont il eft cerclé. Ces raies font de couleur brune, ou noirâtre, fur un fond fauve, & font un éffet afsés agréable. La tête eft applatie, & les orbes ne s'élévent que fort peu. Elle reffemble parfaitement à celle qui fe voit dans RUMPHIUS Tab. XXXI. Litt. V. & à laquelle il donne le nom de *Voluta filofa*. Celles qui font entourées dans leur milieu d'un ruban blanc, comme celles qui fe voïent dans RUMPHIUS Tab. XXXIII. N. 1. & dans VA_LENTYN, s'appellent MINIMES A' FASCIES (en Holl. *gebandeerde Eikenhouts-Tooten*), & font plus rares.

N. 3. L'on donne en Hollande le nom de *Steen-Admiral* (c'eft-à dire *Amiral de pierre* ou *pierreux*) à un *Cornet* des Indes occidentales que l'on nomme en France ordinairement *le Cornet grènu*, ou *la Peau de Chagrin*, quelquefois auffi *la Carte geographique*. L'on en voit dans la premiére Partie de cet Ouvrage Pl. VIII. fig. 4. & Pl. XXIV. fig. 5. La forme, le deffein,

F

la

la couleur, qui ont quelque chofe de groffier dans ce Cornet, paroiffent lui avoir fait donner le nom obfcur de *Steen - Admiraal.* Comme il y en a plufieurs Variétés, très différentes les unes des autres, l'on pourroit donner le nom de *Cornets grènus* ou *Peaux de Chagrin* préférablement à ceux qui ont des cercles granuleux & des orbes tuberculeux, en refervant celui de *Cartes geographiques* pour ceux dont la robe porte un deffein qui imite une Carte geographique. La Variété que nous en offrons dans cette figure, n'aïant ni des grains fort fenfibles, ni un deffein de Carte geographique fort apparent, quoique chargé de cercles finement ponctüés, & étant de couleur jaune, avec un ruban blanc de lait, & quelques taches de mème couleur, s'appelle en Hollande *de geele Steen - Admiraal:* en France on l'appellera toujours PEAU DE CHAGRIN A' FOND IAUNE.

Fig. 4. Dans la premiere Partie de cet Ouvrage Pl. **XXX.** fig. 7. nous avions donné la copie d'une Coquille que l'on nomme *le Pavillon d'Hollande,* ici il s'en préfente une qui s'appelle en Hollande LE PAVILLON DU PRINCE (*de Prinfe - Vlag*). Nom, que l'on donne à toutes les Coquilles de cette efpèce, lorsqu'elles ont la robe ornée de Zones alternatives couleur d'orangé, bleüe, & blanche, quand même ces couleurs ne fe fuivent pas précifément dans le méme ordre dans lequel elles fe trouvent difpofées dans les Pavillons des Vaiffeaux du Prince d'Orange. Les François appellent cette Variété *le Ruban,* à caufe des fafcies qui l'entourent en forme de ruban. D'ailleurs il y en a qui expriment encore mieux les couleurs des Pavillons du Prince dont nous venons de parler, telle eft celle qui fe voit dans GUALTIERI *Tab.* 6. *Lit. C.* Cet Auteur obferve que ce font des *Coquilles fluviatiles.* Par leur ftructure elles reffemblent en quelque façon aux Buccins; & elles ne font pas fort communes.

Fig. 5. VALENTYN fait mention d'un *Amiral* parmi les *Rouleaux* de l'efpèce que l'on nomme *la Nebuleufe* ou *les Nuages,* quelquefois auffi l'*Agathe.* La Coquille qui s'offre dans cette figure, étant du nombre de ces *Nuages,* comme l'on voit par le deffein de fa robe, cerclée outre celà de bandelettes étroites, ce qui eft un des caractéres des Amiraux, nous croïons
pou-

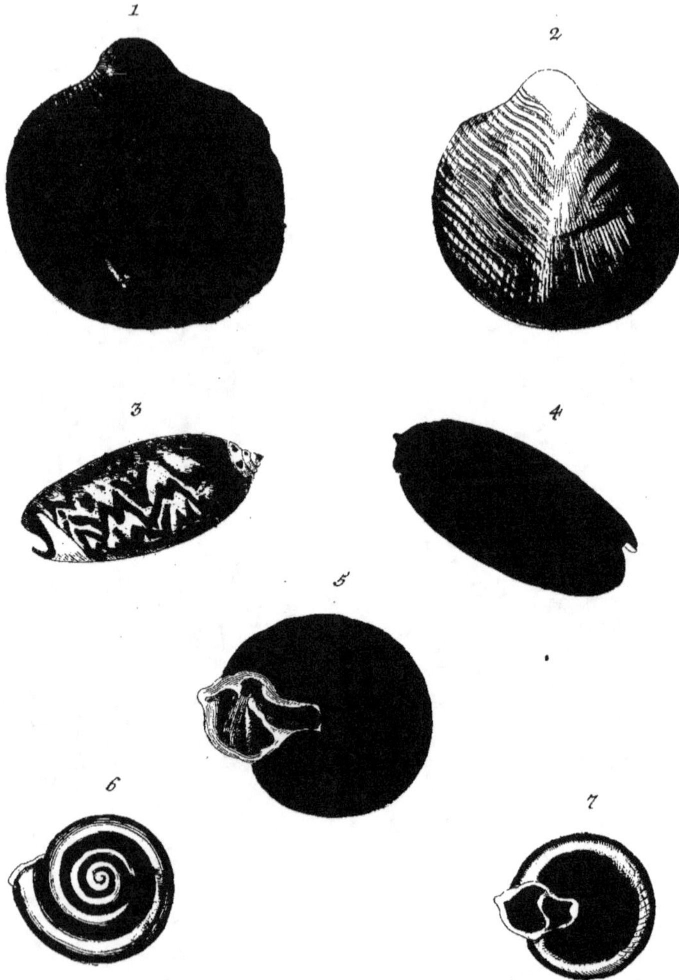

Ex Museo Brandtiano.

H. I. Tyroff sculps.

pouvoir la nommer L'AMIRAL DES NUAGES (en Holl. *de Admiraal van de Wolkjes.*)

Fig. 6. Ces Coquilles minces, d'un jaune d'or luifant, que les François nomment *Pelures d'Cignon*, font appellées de RUMPHIUS du nom de *Baarn-ſteen - Oeſter*, HUITRE COULEUR D'AMBRE IAUNE. Le morceau qui fe préfente fous ce No. eſt une Huitre de cette eſpèce. A' en croire l'Auteur que nous venons de citer, l'on ne devroit guères en trouver que des battans ifolés, puisqu'il croit qu'il reſte toujours l'une des deux Valves attachée au rochers auxquels ces coquilles ont contume de fe coller; ce qui eſt une chofe afsés ordinaire à toute la famille des Huitres.

PLANCHE XXVI. ⁚ ⁚

Figg. 1. 2. L'on rencontre parmi les Bivalves des Coquilles dont les deux battans font ſtriés en fens différens, de forte que la direction des côtes & des ſtries dans l'une des deux Valves d'une même Conque eſt tout autre, que celle des ſtrics de l'autre; les Hollandois les appellent *Ooſt - en Weſt - Doubletten;* & elles font rares. Mais une chofe bien plus rare encore, c'eſt de voir, qu'une même Valve porte des ſtries pofées en fens differens; c'eſt une fingularité qui fe rencontre dans certaines Coquilles de la Famille des *Coeurs*. Telles font celles que nous avons fous les yeux. Celle de la fig. 1. vient de la *Chine;* Si fa couleur eſt auſſi vraie & naturelle que celle du morceau qui fe voit fig. 2? c'eſt de quoi nous doutons, d'autant plus, que l'on ſçait, que les Chinois ont contume de peindre les Coquilles qu'ils deſtinent à certains ufages, & même d'y appliquer du vernis & de l'or. Celle de la fig. 2. porte également des ſtriés dirigées en fens differents; elle eſt chargée de taches jaunes & couleur de rofe fur un fond blanc.

Figg. 3. 4. Les *Olives* qui fe voïent dans ces figures fe diſtinguent de toutes les autres d'une maniére fort avantageufe. On leur donne le nom de DRAP MORTUAIRE, en Hollande celui de *Prinſe - Begraaffenis*, c'eſt à dire *Funerailles du Prince*, à caufe des Traits en zig - zag & des bandes ondées, de couleur noire fur un fond blanc ou brun, dans lesquels on croit trouver quelque repréfentation d'un conduit funébre. L'on fentira bien, auſſi les

F 2

copies

copies que nous donnons ici le prouvent-elles, que cette repréſentation n'eſt ſouvent que très imparfaite, & qu'elle demande une ſorte imagination qui ſupplée ce que les yeux n'y trouvent point. Celle de la fig. 3. eſt d'un gris cendré, nüé de couleur de roſe pâle avec des traits bruns en zig-zag. Fig. 4. eſt brune tirant ſur l'olive avec des bandes longitudinales noires & ondées. Ce ſont deux beaux morceaux.

Figg. 5. 6. 7. Il nous viént des Indes Occidentales une eſpèce de Limaçon, que l'on nomme *la Lampe antique*; l'on en voit quelques morceaux dans la quatriéme Partie de cet Ouvrage Pl. V.*** fig. 2. 3. & Pl. XIII. *** mais ce ne ſont que des *fauſſes Lampes;* car leur bouche n'a pas la forme de celle des vraïes Lampes antiques; De cette derniére eſpèce, c'eſt à dire, une VRAÏE LAMPE ANTIQUE DES GRANDES INDES (en Holl. *opregte Lampe*), eſt celle dont nous offrons ici la copie; fig. 5. en fait le deſſous, figg. 6. & 7. la repréſentent des deux côtés.

PLANCHE XXVII. ‡ ‡

Fig. 1. Dans la premiere Partie Pl. XI. figg. 3. 4. nous donnames une *Pourpre* de l'eſpèce que l'on nomme en Hollande *de dubbelde Spinnekop*, en France *la grande Becaſſe épineuſe*, pour la diſtinguer de celle qui porte ſimplement le nom de *Spinnekop*, ou *Becaſſe épineuſe*, & dont les épines ſont en beaucoup plus petit nombre. Ici nous en offrons un morceau qui ſurpaſſe l'autre de beaucoup, & merite à plus juſte titre le nom de la GRANDE BECASSE E'PINEUSE (*de dubbeld getakte Spinnekop*), vû que non ſeulement le nombre de ſes épines eſt beaucoup plus grand, mais qu'elles excèdent auſſi celles de l'autre tant en longueur qu'en fineſſe. L'on rencontre ſouvent des morceaux dont les épines ſont endommagées ou imparfaites, & de là vient, que des morceaux, qui n'ont point de defaut, ſont très rares & précieux.

Fig. 2. Aux deux beaux Manteaux, de l'éſpéce que l'on nomme en Hollande *Manteau royal*, & en France MANTEAU DUCAL, qui ſe voïent dans la premiere Partie Pl. XIX. & dans la ſeconde Pl. XXI.* nous joignons ici un troiſiéme A CÔTES D'ORANGE (*Oranje Konigs-Mantel.*)

Fig. 3.

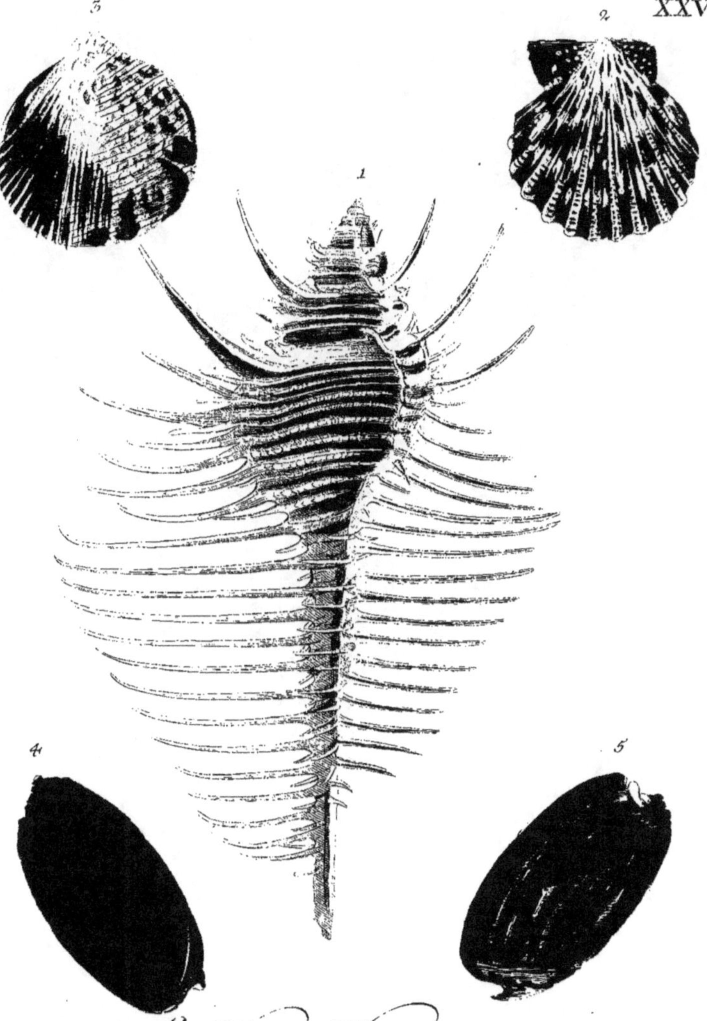

P.V.
3
2
XXVII
1
4
5
Ex Museo Houttuijniano.
Andr: Hoffer sculps.

Ex Museo Houttuigniano.

H. I. Tyroff sculps.

Fig. 3. Cette CONQUE à STRIES DIRIGÉES EN SENS DIFFERENS (*Oost-en West-Doublet*) trouve ici sa place à cause de sa belle marbrure, qui l'emporte sur celle du morceau qui se voit dans la Planche précédente.

Fig. 4. OLIVE que l'on nomme en Hollande *gebandeerte Eickenhouts-Dadel*, c'est è dire, *Olive fasciée à robe imitant le bois de chène*, parce qu'outre quelques bandes transverfales, elle a la couleur de cette efpéce de bois & des traits qui en imitent les veines. La couleur de la bouche tire sur l'orangé.

Fig. 5. Cette OLIVE s'appelle LA MOIRE OU LE SATIN (en Holl. *Satyne Dadel*), à cause de son luisant adouci. Elle est de couleur verte melée de jaune.

PLANCHE XXVIII. ⁂

Fig. 1. *Porcelaine* extrèmement rare. A juger de cette Coquille par la forme de fa partie superieure, on croiroit devoir la rapporter parmi les *Gondoles mammillaires*; mais fa bouche, qui est dentée & repliée, prouve que c'est une Porcelaine. Elle est à fond jaune clair, ornée de bandes d'orangé ondées qui lui donnent un air très agréable. Nous la nommons PORCELAINE à FLAMMES D'ORANGE (en Holl. *gevlamde Oranje Kliphooren*).

Fig. 2. GONDOLE BARIOLÉE A MAMMELON, (en Holl. *Bont Tepelbakje*) qui fe fait remarquer par fes taches blanches, différente de toutes celles que nous avons donné jufqu'ici.

Fig. 3. PEIGNE MARBRÉ par taches rouges & blanches fur un fond jaune foncé (en Holl. *gevlakt Manteltje*). Il a déjà été remarqué que cette Famille de Coquillages offre des Variétés presqu'infinies. Celle dont il fe voit ici la copie fe rapporte à l'efpéce 200. du Chevalier DE LINNE, qui est à valves égales, à une feule oreille & à quarante stries.

Fig. 4. Cette efpéce de Peigne est nommée en Hollande LE MANTEAU D'ORANGE (*Oranje Mantel*), & l'on en voit qui font d'un orangé fort éclatant.

tant. Elle différe confiderablement des Manteaux ordinaires, étant d'une forme plus arrondie & plus large; mais ce qui l'en diftingue le plus, c'eft que l'une de fes deux valves eft toujours plus bombée que l'autre; caractéres propres à l'éfpéce 202. de Mr. DE LINNE, nommée *Opercularis*. Les côtes font fort larges & à ftries transverfales, qui la rendent rude au toucher. Le nombre de ces côtes eft d'environ vingt. La couleur du morceau, dont il fe donne ici la copie, eft d'orangé; il eft chargé de plufieurs Vermiffeaux de Mer, dont il y en a un de couleur rougeâtre. De cette même éfpéce de Peigne l'on rencontre auffi des Variétés couleur de rofe, brunes, & quelquefois auffi des blanches. Elles viennent probablement des Indes Occidentales.

Fig. 5. PORCELAINE nommée par RUMPHIUS L'AGATE NUÉE (*gewolkte Agaate Kliphoren*); nous adoptons cette dénomination parcequ'elle nous paroit la caractérifer très bien. Ses fpires forment une téte pointuë & faillante en dehors. Elle eft tachetée & niiée de brun foncé, fur un fond bleuâtre.

Fig. 6. LES OLIVES NOIRES (en Holl. *Zwarte Dadels*) font fort éftimées, & ce n'eft pas fans raifon, car leur noir eft d'un luifant fuperbe. Elles viennent des Indes Orientales.

Fig. 7. Que les Gondoles mammillaires différent fort les unes des autres, & qu'il y en a des Variétés dont les orbes interieurs finiffent en mammelon fort apparent, tandis que dans d'autres il faillent très peu en dehors, c'eft ce que nous avons déjà eu occafion de remarquer ailleurs. Mais il eft rare d'en voir un morceau qui porte un mammelon auffi grand que celui qui s'offre dans cette figure, & que nous nommons de là LA GONDOLE A GROS MAMMELON (*Knop Tepelbakje*). Si c'eft un Coquille jeune, qui fe trouve dans le cas des petits enfans qui ont la tête plus groffe à proportion moins ils font agés, c'eft ce que nous ne voulons point décider?

PLAN-

1

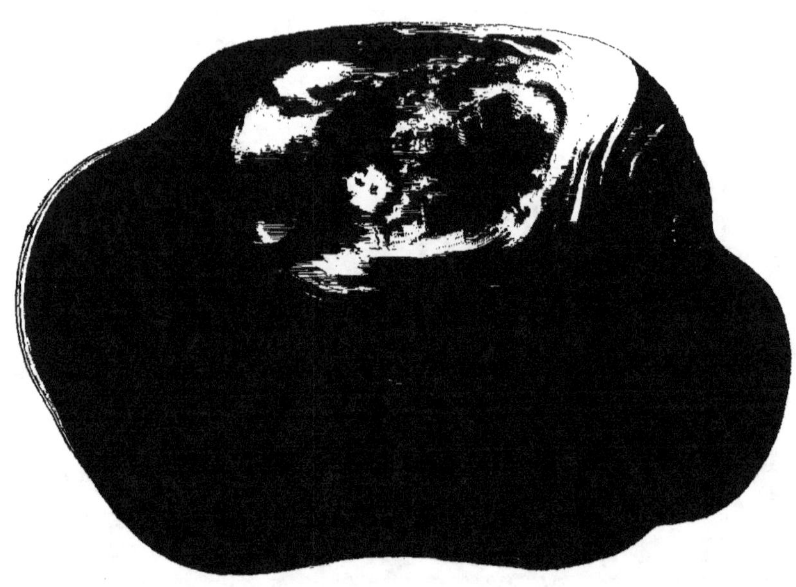

2

Ex Museo Houttuijniano.

G. P. Trautner sculps.

1

2

3

Ex Museo Houttúÿniano.

G. P. Trautner sculps.

PLANCHE XXIX. ⁑

Fig. 1. Il y à une éfpéce d'Huitre que l'on nomme LA SELLE ANGLOISE, en Hollande *la Transparente*, à caufe de la transparence de fa Coquille, & en France on la connoit fous le nom de *Vitre Chinoife*; nous en avons donné des copies dans les Parties précédentes de cet Ouvrage. Ici nous offrons celle d'un morceau fuperbe d'une autre efpéce qui en différe confiderablement ; c'eft la vraïe SELLE POLONOISE (en Holl. *de Poolfche Zadel*). La place étant trop étroite pour la recevoir dans fa grandeur naturelle, on a été obligé de la repréfenter beaucoup plus petite qu'elle n'eft. Sa charniére eft compofée, comme celle de la Vitre Chinoife, de deux élevations étroites, le côté ou cette charniére fe trouve placée, eft presque tout droit, & le contour a quelques finuofités, qui donnent à la Coquille un air gracieux, & aux-quelles elle doit principalement fon nom. Au dehors elle eft d'un violet foncé luifant qui tire fur le bleu, écailleufe du refte plutôt qu'unie. En dedans elle eft presque toute blanche & nacrée. L'on y trouve des Perles, tantôt ifolées, tantôt en grouppes, quelquefois il y adhére des files entiéres. La marque de l'endroit où l'Animal à été attaché à fa coquille, a à peuprès un pouce de large. Les Coquilles en font épaiffes, d'un nacre luifant tirant fur le violet, & propres à plufieurs ouvrages. Il eft rare d'en trouver de complettes avec leurs deux battans.

Fig. 2. Cette Coquille fe fait remarquer par fa couleur plutôt que par fa forme. On la nomme LANGUE D'OR (en Holl. *Goude Tong Doublet*), à caufe de fa forme qui approche de celle de la langue d'un homme. C'eft une Coquille que l'on eftime beaucoup fi elle eft d'une couleur auffi éclatante que le morceau dont nous donnons ici la copie. Les Curieux la rangent, les uns parmi les *Cames*, les autres parmi les *Tellines*.

PLANCHE XXX. ⁑

Fig. 1. Nous avons deja donné quelques Groupes de *Glands de Mer*, de l'efpéce nommée *Tulipe*, dans les Parties précédentes de cet Ouvrage, voy.

48

voy. Part. II. Pl. II.* fig. 6. & nous regardons à préfent le morceau qui fe trouve repréfenté fig. 1. Pl. XXI***. P. IV. auffi commé appartenant aux Glands de Mer de cette efpéce, quoiqu'à n'en juger que par le deffein on pourroit le regarder commé un fragment d'un *Arrofoir*. Dans la figure que nous avons fous les yeux il s'offre un grand & beau Groupe de GLANDS DE MER TULIPES, en forme de bouquet (*Tros van Zee-Tulpen*), compofé d'un grand nombre de Glands adhérens à un gros Gland de même efpéce qui leur fert de bafe. Parmi les petits l'on en voit un qui a été rendu difforme par une Coquille qui s'y eft infinuée. La couleur en eft d'un très beau violet.

Fig. 2. Cette Coquille, dont il fe préfente ici une Valve, eft nommée la CONQUE DE CARTHAGENE, parcequelle vient des Côtes d'Efpagne ; en Hollande on l'appelle auffi *Feitema Doublet*, parce qu'au récit de RUMPHIUS, il s'en eft trouvé un nombre prodigieux dans le Cabinet d'un Curieux de ce nom. On la rapporte à la famille des *Coeurs*, à caufe de fa forme qui approche de celle du coeur d'un Animal. Chacune de fes Valves eft chargée d'environ 25. côtes. La couleur en eft d'un jaune pâle avec des bandes couleur de feu. Les côtes font quelquefois un peu raboteufes & chargées de tubercules.

Fig. 3. Dans la feconde Partie Pl. XXIII. * fe voit une Valve d'une efpéce de *Came*, nommée en Hollande *Poffertje* (efpéce de *Bignet* ou *Gateau*); ici nous en offrons une Variété que l'on pourroit nommer le BIGNET TACHETÉ (*gevlakte Poffertje*). Elle eft à fond blanc, avec des ftries très fines tant longitudinales que transverfales ; & les taches rouges-brunes de différente grandeur dont elle eft parfemée, lui donnent un air qui la fait eftimer.

Fin de la cinquiéme Partie.

I. C. Keller delin.

Valentin Bischoff sculps.

LES DELICES

DES YEUX ET DE L'ESPRIT,

OU

COLLECTION GENERALE

DES

DIFFERENTES ESPÈCES

DE

COQUILLAGES

QUE LA MER RENFERME,

COMMUNIQUÉE

AU PUBLIC

PAR

LES HERITIERS

DE

GEORGE WOLFGANG KNORR,

SIXIEME PARTIE.

À

NUREMBERG.

1773.

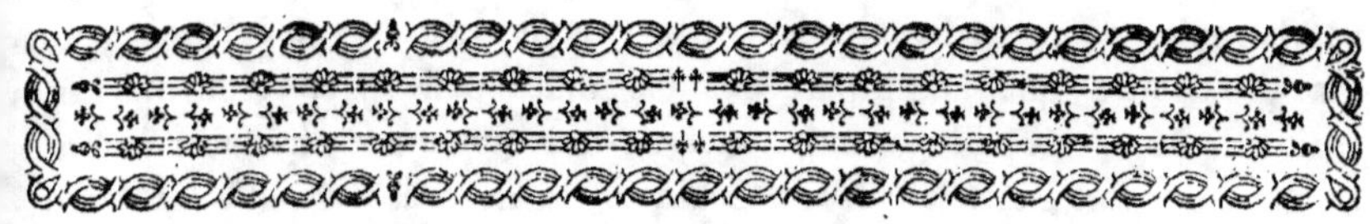

AVANT-PROPOS.

La Nature eſt inepuiſable dans ſes produ&ctions! En vain ſe flateroit-on de connoître tout ce qui ſort de ſon attelier! et ſuppoſé que l'on parvint un jour à ſavoir faire l'énumération la plus complette, non ſeulement des genres mais même de toutes les éſpèces de ſes Ouvrages, loin d'épuiſer ces tre-ſors, l'on ſeroit accablé de l'immenſité des Variétés qu'elle nous offre! La ſixiéme Partie de cet Ouvrage, que nous hazardons de mettre ſous les yeux des Amateurs, fournit une preuve de ce que nous venons de dire. Nons y don-nons des deſſeins de pluſieurs ſortes de Coquillages, dont il a déjà paru de copies dans les 5. Parties precedentes, tirés ſeulement ſur d'autres indivi-dus, pour faire voir combien cette variété eſt prodigieuſe dans des Coquil-les d'une même éſpèce, par raport à leurs couleurs, leur deſſin, leur for-me; Et nous craignons d'autant moins qu'on y trouve à redire, que les vrais Amateurs croïent marquer le goût le plus raffiné en recherchant avec empreſſement ces variétés. Car qui eſt-ce qui ne ſache pas, qu'en Hol-lande les Curieux s'empreſſent à l'envi, d'avoir d'une même ſorte de Co-quille non ſeulement le plus grand nombre mais auſſi les plus beaux mor-ceaux? Souvent vous trouverés dans un Cabinet par exemple douze, vint et quatre, et même d'avantage, de *Tigres*, dans un autre Cabinet vous en trouverés autant, mais vous y trouverés en même tems tant de différen-ce, par raport aux deſſeins et aux couleurs, que ceux de l'un ne valent

A 2

psa

pas la moitié de ceux de l'autre; et cette finesse de gout y a été portée d'autant plus loin, que la plûpart des Coquilles passe premiérement par les mains de Messrs. les Hollandois, qui ne manquent pas de faire entrer ce qu'il y a de plus beau dans leurs Cabinets, et de ne laisser passer aux Etrangers que les moindres. Ainsi dès qu'il s'agissoit de faire voir dans nôtre Ouvrage par quelques échantillons, combien des Coquilles d'une même éspèce différoient en beauté les unes des autres, il faloit bien donner des copies tirées de différens individus d'une même sorte; Si nous avons pû contenter, aussi dans cette Partie, la curiosité des Amateurs, en leur présentant de ces Variétés, c'est à Monsr. le Docteur HOUTTUYN que nous en sommes redevables, lequel nous remercions ici publiquement de sa complaisance et de sa générosité; nous osons nous flater d'avoir merité l'approbation des Amateurs d'autant plus que cette Partie renferme encore un grand nombre de morceaux rares, précieux, et nouveaux; car loin d'avoir épuisé ce qu'il y a de Coquilles rares, il faut convenir de n'en avoir donné jusqu'ici qu'un Précis, pour ainsi dire, qui peût servir d'Introduction à l'Histoire naturelle des Coquillages.

à Nuremberg le 6. Août
1773.

Les Heritiers de
George Wolfgang Knorr.

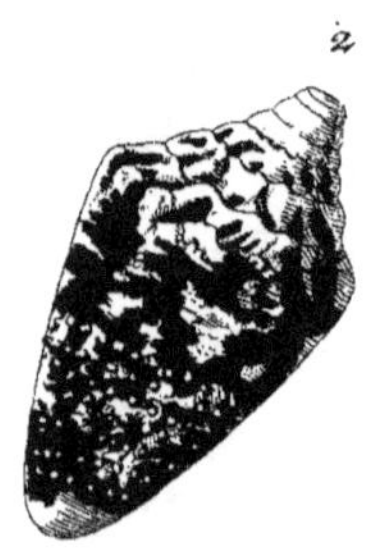

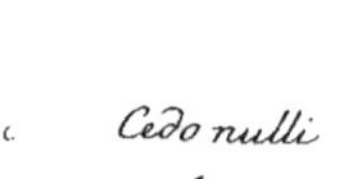

Cedo nulli

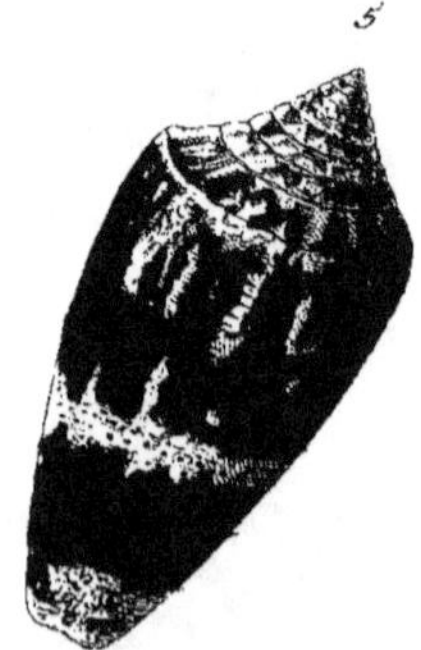

Fig. 2-5, Ex Museo Houttuijniano.

G.P.Trautner sculpsit.

COQUILLES.

SIXIÉME PARTIE.

PLANCHE I. ✲✲✲

Fig. 1.

Le fuperbe Cornet qui occupe le milieu de cette Planche, eft à caufe de fa rareté la plus précieufe et la plus fameufe de toutes les Coquilles. Il paffe même pour unique, car, outre l'individu dont nous offrons ici la copie, on ne connoit jufqu'ici point de femblable. On lui a donné le nom de CEDO NULLI, (*je ne le cède à aucun*) parce qu'il l'emporte infiniment fur tout ceux de fon genre, et cette dénomination a été adoptée également par les François et les Hollandois, quoique ces derniers l'apellent quelquefois auffi *de Koning van t' Zuidland* (LE ROI DU SUD). Cette Copie a été faite avec toute l'exactaitude poffible d'après une Peinture qu'un célébre Deffinateur a tirée fur l'Original même. Celui-ci fe trouve aujourdhui dans le magnifique Cabinet de MR. LYONNET à la Haye, célébre Amateur d'Hiftoire Naturelle. On s'eft attaché fcrupuleufement à la peinture originale, et pour ne pas introduire quelque fauffe ombre, on l'a repréfentée ici dans le même fens qu'elle fe voit dans l'Original, c'eft à dire, la pointe tournée en haut ; la pofition étant du refte une chofe affés arbitraire, comme nous voïons auffi que GUALTIERI et d'autres l'ont variée en differentes maniéres dans leurs Ouvrages. Quiconque fouhaite de favoir

l'hiſtoire de cette Coquille, peut conſulter SEBA et-D'ARGENVILLE, quoiqu'à
dire la verité, les figures que ces Auteurs en ont données, ne ſont pas des
meilleures. On en a offert mille florins à MR. D. LAFALJE à la Haye ſon
premier Poſſeſſeur. Aprés ſa mort l'achèta un Curieux de Delſt pour la
ſomme d'environs cinq cent florins; et dans la ſuite elle repaſſa à la Haye
dans le Cabinet de MR. LYONNET, où elle ſe trouvoit lorsqu'on én tiroit
la copie. Nous ne nous arrèterons pas à en decrire la beauté ſupérieure
et l'élégance de ſes compartimens, on en pourra juger d'aprés la figure
que nous mettons ici ſous les yeux des Curieux. Ce qu'il y a de plus ſingulier, c'eſt la faſcie chargée de quatre cordelettes à points blancs qui l'entoure, et qui lui fit donner la premiere place parmi les Amiraux, et le
nom de *Roy du Sud*, parce qu'elle vient de la Mer du Sud.

Fig. 2. On ſe contente d'apeller cette belle Coquille L'AMIRAL D'AMERI-
QUE, en Holl. *de Weſtindiſche Admiraal*, quoique la beauté de ſes compartimens, ſes couleurs, et ſa reſſemblance avec celle qui précéde, ſuffiroient
pour lui faire donner le nom de *faux - Cedonulli*. Sa robe eſt nüée et marbrée de jaune - rougeàtre, entourée dans ſa partie inférieure de pluſieurs
cordelettes ſemblables à celles du N. 1. et ce qui en reléve encore la beauté, ce ſont les tubercules qui garniſſent les orbes ſaillans de ſa tête.

Fig. 3. Ce Cornet eſt le veritable LION des Hollandois, *Leeuwe - Toot*.
Il porte ce nom parcequ'une imagination échaufée trouve dans le compartiment de ſes taches la figure d'un Lion qui s'éléve et ſe dreſſe ſur ſes pieds
de derriére, ſemblable à peu près à celui qui ſe voit dans les Armes des
Provinces unies, d'où il vient auſſi que RUMPHIUS lui a donné le nom de
Klimmende Leeuw. (Cette figure eſt un peu plus diſtincte dans ceux qui ſont
un peu mieux dépouillés et d'une couleur moins foncée). Dans la ſeconde Partie de cet Ouvrage Pl. I.* ſe voïent trois de ces Cornets, qui viennent des Indes occidentales, et le cédent du côté de la beauté, au juge-
ment de certains Curieux, à celui qui s'offre ici.

Fig. 4. CORNET DE BUIS, que les Hollandois appellent *Steen - Admiraal*.
Il eſt vrai que par ſa forme et le compartiment de ſa robe il reſſemble en
quel-

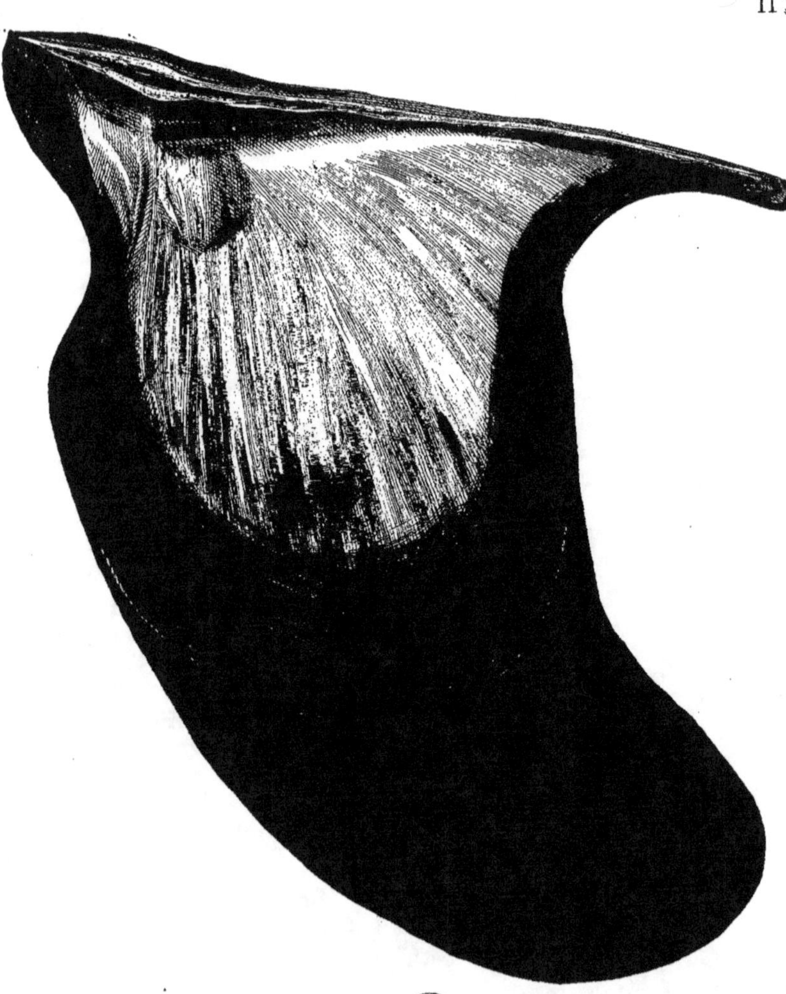

Ex Muſeo Houttuijniano.

Andreas Hoffer sculpsit.

quelque maniére à un Amiral, mais il eft trop groffier, trop pefant, et pour ainfi dire, d'un travail trop peu fini, pour pouvoir pretendre à ce nom, et de là vient peut - être auffi le nom qu'il porte chez les Hollandois, et qui veut dire *Amiral de pierre*, ou *pierreux*.

Fig. 5. Ce Cornet a le compartiment de l'AMADIS, en Holl. *Amadis-Toot*, mais il en différe par fa forme; S'il y a des Curieux qui ne favent pas ce que veut dire le mot d'*Amadis*, nous ne faurions leur en donner d'autre explication que celle de D'ARGENVILLE, qui nous apprend, que c'eft un nom de guerre que les Hollandois ont donné à une efpèce d'Amiral pour pouvoir le diftinguer des autres. Du refte ce mot fignifie en françois une éfpèce de bouts de manche que l'on ferre avec des boutons, et peût - être a - t - on trouvé dans le compartiment de la robe de cette Coquille quelque reffemblance avec le deftin des étoffes dont on faifoit autrefoit ces Manches? La copie du veritable Amadis fe donnera dans la fuite.

PLANCHE II.

Cette Planche n'offre qu'une feule piéce, mais c'eft un morceau fuperbe, & l'on ne trouvera pas facilement de femblable dans quelqu'autre Cabinet. Cette Coquille eft appellée quelquefois l'ÉQUERRE, en Holl. *de Winkelkaaks - Schulp*, mais c'eft à tort; car elle n'a pas les Caraétéres de cette éfpèce d'Huitre, elle n'a pas cette charniére compofée d'une file de dents, qui en fait un des plus effentiels, comme l'on voit *Part. IV.* de cet Ouvrage *Pl. X.* ∗∗∗ fig. 1. 2. Sa charniere étant tout à fait fimple, nous rapportons ce morceau à la famille des Moules, et en particulier parmi les *Oifeaux* ou *Hirondelles*, en Holl. *Vogel - Doubletten*, dont nous en avons déjà donné un, dans la Vᵉ Partie *Pl. X.* ∗∗ Celui qui s'offre ici eft *le grand Oifeau*. Cette Coquille reffemble beaucoup à celle qui fe voit dans GUALTIERI *Tab. XCIV, Lit. A.* excepté qu'elle a les ailes beaucoup plus longues. Ces Ailes font d'une forme allongée et larges, de couleur noïre, argentée vers le milieu, et d'un rouge de cuivre vers les bords, et renferment une cavité femblable à celle des Huitres. Ses deux battans fe ferment exaétement. Le côté où fe trouve la charniére n'eft pas à la verité d'une

éten-

8

étendue fort confidérable, neanmoins il ne laiffe pas d'avoir le même rapport aux autres qu'il a dans d'autres Hirondelles. Nous n'offrons ici que
l'un des deux battans, l'autre dépouillé en partie de fa pellicule noire, eft
ornée d'une très belle gravure qui repréfente quelques arbres au deffûs
des quelles fe fait voir Mercure dans les nuës. Nous n'aurions pas manqué
d'en donner auffi la copie, fi nous ne nous aurions point impofé la loi de
nous borner dans cet Ouvrage uniquement aux productions de la Nature,
et de n'y point admettre de celles de l'Art.

PLANCHE III.

Fig. 1. Dans la cinquiéme Partie de cet Ouvrage *Pl.* **XXX.** nous
donnions un *Coeur* de l'efpèce à laquelle on donne en Hollande les noms
de *Conque de Carthagéne, Karthageenfch-* et de *Feitema-Doublet*, dont le premier lui vint de l'endroit d'où il a été apporté, et le fecond du nom de
famille de celui qui le poffeda le premier; ici nous en offrons un qui eft
chargé d'épines: COEUR DE BOEUF E'PINEUX, en Holl. *gedoornde Karthageenfche
of Nagel-Doublet).* Le nom de *Nagel-Doublet* lui eft donné quelquefois
puisqu'il eft hériffé de pointes qui reffemblent à des cloux. Celui de *Coeur
de Boeuf* lui vient de fa forme. Cette forte fe diftingue d'une autre qui
porte chez les François le nom de *Coeur de boeuf tuilé*, parcequ'il eft chargé de petites tuiles, fa couleur eft un jaune inégal, plus clair dans un endroit que dans l'autre, et tirant quelquefois fur le rouge.

Fig. 2. RUMPHIUS nous donne ce Bivalve des Indes orientales dans fon
Ouvrage fous le nom de *double Coeur de Venus.* A' le regarder par fa partie
antérieure il reffemble aux Coeurs de Venus qui fe voïent *Pl.* **XVIII.** de
la premiere Partie de cet Ouvrage; mais lorsqu'on le regarde de côté, et
fous le point de vuë fous lequel il fe trouve ici reprefenté, il paroit fous
une forme triangulaire, avec un fommet pointû du côté de la charniére,
ce qui lui a fait donner le nom de COEUR DE VENUS TRIANGULAIRE, en Holl.
Driezydig Venus-Hart. Sa couleur eft un jaune clair.

Fig. 3. Les Hollandois appellent cette Coquille *Rys-Doublett*, la raifon en eft facile à trouver, ce font fes groffes ftries granuleufes qui lui
                                                                        ont

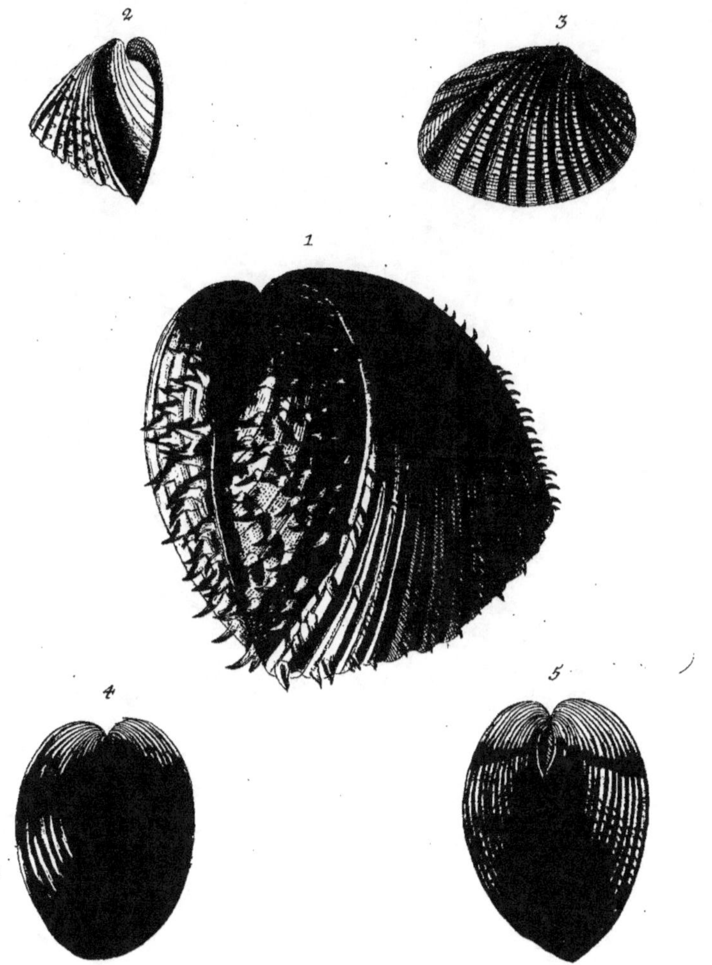

Ex Museo Houttuyniano.

Paul. Küffner sculp.sit.

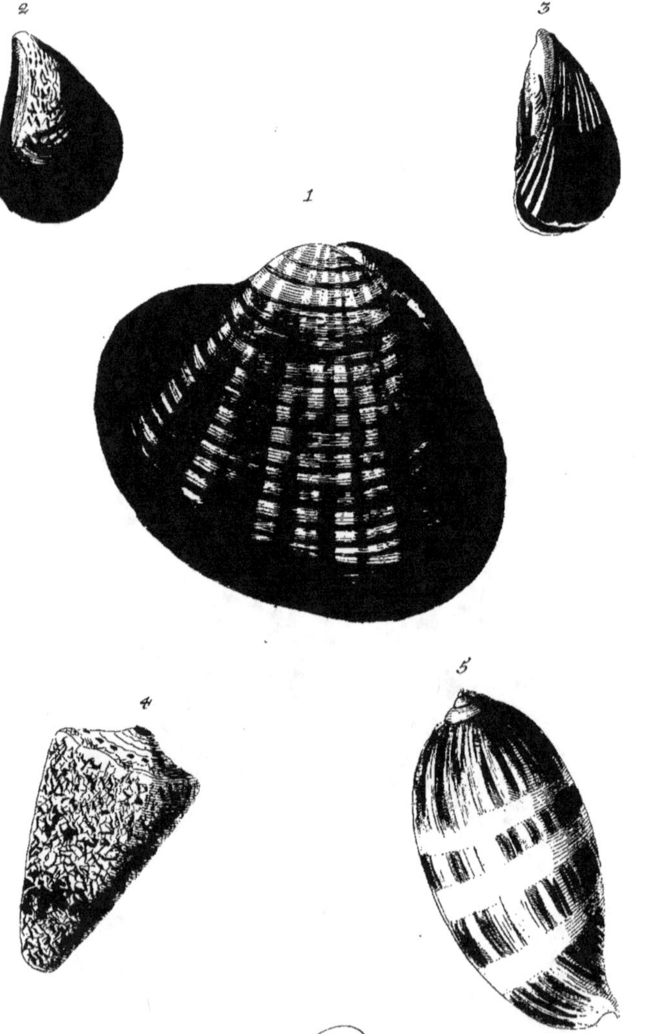

2
3
IV
1
4
5
Ex Museo Houttuÿniano.
J. A. Eisenmann sculp.

ont fait donner ce nom, et c'eft auffi ce qui fait diftinguer cette éfpèce de Came d'une autre qui porte le nom d'*Amande*, en Holl. *Mandel - Doublet*, à laquelle elle reffemble beaucoup à l'exception de ces grains.

Fig. 4. Cette Coquille a l'air d'une éfpéce de Coeur que l'on connoit fous le nom de *Fraife*, et il ẏ a même des Curieux qui la defignent de ce nom. Mais comme fa forme approche beaucoup de celle d'une Pomme, nous préférons celui de POMME ROUGE, en Holl. *de rood Appeltje*.

Fig. ç. Quoique cette Coquille ne différe pas beaucoup par fa forme de celle qui précéde, nous ne faurions lui refufer le nom de *Fraife*, qui paroit lui convenir d'autant plus, que fes côtes font chargées de ftries transverfales, qui la rendent un peu raboteufe en dehors, par les petites inégalités qui en refultent, et qui reffemblent en quelque façon aux grains d'une fraife; et à l'égard de fa couleur jaune nous l'appellons LA FRAISE JAUNE, en Holl. *de geele Aardbei - Doublet*, voy. *Pl.* **XXIX.*** *Part.* **II.** de cet Ouvrage, qui en offre deux autres.

P L A N C H E IV. ⁂

Fig. 1. Le Bivalve qui fe préfente au milieu de cette Planche, s'appelle LA CAME A JOUER DU JAPON, en Holl. *Japaanfe Speel - Doublet*; par ce que dans ce païs, et à la Chine, il eft mis en ufage dans un certain jeu. L'on en voit auffi, quoiqu'en petit nombre, qui font blanches en dehors et peintes en dedans de figures chinoifes. Dans fon étât naturel, cette Coquille, comme l'on voit dans la copie que nous offrons ici, eft d'un brun rougeâtre luifant, chargée de quelques raïons qui partent de la charniére; l'intérieur eft d'un blanc terne. C'eft une éfpéce de *Came*; quoique les Hollandois la rapportent parmi les Conques qu'ils appellent du nom de *Kous - Doublet*.

Figg. 2. et 3. DEUX PETITES MOULES DES INDES ORIENTALES très rares, en Holl. *raare Ooftindifobe Mofseltjes*. Il feroit inutile d'avertir ici, que ces deux morceaux s'écartent confidérablement des Moules ordinaires, il faute aux yeux qu'elles font beaucoup plus larges à proportion de leur longueur.

Sixieme Partie.   B   *Fig.* 2

Fig. 2. eſt marquée de flammes couleur de roſe ſur un fond jaune - verd,

Fig. 3. ſe fait remarquer, outre ſa belle couleur bleuë - noirâtre melée de rouge, par des côtes longitudinales.

Fig. 4. *Volute* peu commune. D'ARGENVILLE, qui la compte parmi les rares, lui donne le nom D'ESPLANDIAN, en ajoutant qu'en Hollande on lui donnoit celui de TOILE D'ARAIGNEE. Autant que nous ſavons, il n'y a que cet Auteur qui en ait donné la figure; quoiqu'elle ne s'accorde pas entiérement avec les Coquilles que les Hollandois deſignent de ce nom, nous ne pretendons pas le lui conteſter, vû la grande reſſemblance que nous leur trouvons. Cette Coquille a la tête peu élévée, et toute ſa robe eſt bariolée de petites lignes ſauves qui ſe joignent en diverſes maniéres comme les fils d'une toile d'Araignée. Elle porte deux Zônes de taches marron foncé ſur un fond blanc. L'individu qui ſe trouvoit dans le Cabinet de M. D'ARGENVILLE, ſe faiſoit remarquer, outre ſes Zones, par des taches irreguliéres rougeâtres et griſes.

Fig. 5. Nous offrons ici une Coquille que nous avons cherchée en vain chés les Auteurs. Par ſa forme elle s'approche le plus d'une éſpéce de Tonne qui s'appelle en Hollande *Achat - Bakken (Tonne couleur d'Agathe)* quoiqu'elle reſſemble auſſi en quelque maniere à celle qu'on y connoit ſous le nom de *Zitzen - Bakken (Gondole mammillaire)*, de la premiére elle ſe diſtingue par ſa pointe, et de la derniére en ce que ſon fût eſt deſtitué de rides. Elle eſt d'une coque fort mince, comme le ſont genéralement les *Tonnes*, et c'eſt auſſi pour cela qu'on peût la rapporter à cette Famille. La couleur de ſa robe, qui eſt d'un brun tirant ſur le violet, interrompuë par des faſcies d'une couleur plus pâle, nous engage à lui donner le nom de GONDOLE BRUNE RAYE'E A' FASCIES, en Holl. *bruin gebandeert Bakje.* Le dedans eſt violet.

PLANCHE V. ⁂

Fig. 1. C'eſt un Bivalve de nos Mers qui ne laiſſe pas d'avoir ſes beautés, quoiqu'il ne ſoit pas rare. En Hollande il porte le nom de *Geſtraalte Korf - Doublet*, parce qu'il reſſemble en quelque maniére à une certaine éſpèce de Corbeille. C'eſt une Came rayée; du moins ſuivant

D'AR.

Ex Muſeo Houttüijniano.

G.P.Trautner sculps.

D'ARGENVILLE il faut le rapporter à cette famille, quoique cette éspèce ne se trouve point dans cet Auteur. LINNAEUS dans la derniére Edition de son *Systéme* No. 99. l'apelle *Mactra Stultorum*. Elle est d'une coque fort mince, d'un jaune tirant sur le brun en dehors, et violet en dedans.

Fig. 2. Coquille de forme triangulaire, d'un très beau violet en dehors lorsqu'elle est depouillée, ce qui lui a fait donner en Hollande le nom de *blaauvv Triangel - Doublet*, CAME BLEÜE TRIANGULAIRE. Elle est d'une coque papiracée, et n'a jamais été decrite.

Fig. 3. Voilà un morceau rare, et qui fait un des principaux ornemens de la famille des Volutes. C'est un AMADIS JAUNE, en Holl. *Geele Amadis-Toot*. Par sa forme, qui est fort reguliere, il ressemble beaucoup à un Amiral. Le compartiment de sa robe, marbrée de flammes jaunes sur un fond blanc, n'imite pas mal le dessin d'une étoffe brodée de jaune, et vers le milieu et dans le bas ces flammes, plus serrées que dans le reste, forment comme deux Zones couleur de citron. Nous ne l'avons trouvé dans aucun auteur.

Fig. 4. Nous donnions déjà dans le premier Tome de cet Ouvrage deux sortes de *Soleil levant*, en Holl. *Zonne - Straal - Doubletten*. Le dernier, qui se voit *Pl.* XIX. est une éspèce de Came, au lieu que le premier, qui est à robe bleuë, doit se ranger parmi les Tellines béantes, parceque ses battans ne se ferment pas exactement. C'est à ce même genre de *Telline* que nous rapportons le SOLEIL LEVANT A ROBE COULEUR DE ROSE RADIÉE DE BLANC, en Holl. *Rooze-roode Zonnestraal*, parceque ses battans sont fort béantes aux deux extremités. Il vient de la Mediterranée. La coque en est fort mince, à stries transversales onduleuses extrèmement fines, et les couleurs qui jouent sur sa robe, font un effet très agréable. On en voit des Copies chez BONANNI et GUALTIERI.

Fig. 5. Les deux Bivalves qui suivent ne sont pas moins beaux. Celui qui s'offre sous ce No. est un petit COEUR EPINEUX, en Holl. *Gedoornd Nagel - Doubletje*. Nous lui donnons ce nom, parcequ'il a les côtes chargées de petits piquans en forme d'épines. Il vient des Indes orientales.

B 2

Fig. 6.

Fig. 6. Cette Coquille, qui vient auſſi des Indes, ſe rapporte parmi les *Vieilles ridées*, éſpèce de *Conque de Venus*, qui porte ce nom à cauſe des rides transverſales dont elle eſt chargée. Nous en avons déjà donné quel. ques unes dans les Tomes précédens de cet Ouvrage. Ce qui fait remar. quer en particulier le morceau que nous offrons ici, ce ſont les dents ou piquans dont il eſt garni du côté de la charniére, et c'eſt auſſi ce qui nous fait l'appeller LA VIEILLE RIDE'E A` DENTS, en Holl. *Getaand Oud Wyſje.* Sa couleur eſt un beau jaune. C'eſt une Coquille rare, puisqu'on n'en voit que très peu qui ont ces dents.

PLANCHE VI. ⁂

Fig. 1. Cette Coquille eſt de la même éſpèce que celles que nous avons donné dans la ſeconde partie de cet Ouvrage *Pl.* XX.* et *Part.* V. *Pl.* X. ** ſous le nom de *Coeurs orangés*, denomination qui leur vient de ce qu'elles ont les bords d'un orangé fort vif. Nous n'en offrons ici qu'une Valve iſolée, du côté interne, afin qu'on en voïe la cavité, qui eſt d'une pro. fondeur aſſés conſidérable, et d'un orangé extrèmement vif. Elle ſe fait remarquer en particulier par les dents ſines dont les bords ſont marqués intérieurement, et d'où eſt pris le nom de *Cardium ſerratum* que lui donne MR. DE LINNE *N.* 89. Cette éſpèce de Coeur eſt fort bombée du côté de la charniere, et il eſt rare d'en voir de cette grandeur. Nous l'appellons COEUR ORANGE', en Holl. *Oranje Kleurig Hart.*

Fig. 2. VIEILLE RIDE'E OU LEVANTINE, en Holl. *Gerimpeld Oud Wyſs-doublet*, qui reſſemble à celle qui ſe voit dans la ſeconde Partie de cet Ouvrage *Pl.* XXVIII.* C'eſt une éſpèce de *Came* qui tire ſon nom des ri-des ou plis relévés et transverſaux dont elle eſt chargée. Le morceau que nous offrons ici, approche le plus de celui qui ſe voit chez D'ARGEN-VILLE *Pl.* XXI. *Lit.* K. ſous le nom de *Levantine.*

Fig. 3. Ce même Auteur donne le nom de *Gourgandine* à la Variété de Conque de Venus qui s'offre dans cette figure; elle eſt à renflement laté. ral marron, ce qui lui a fait donner en Hollande, où on la range parmi

les

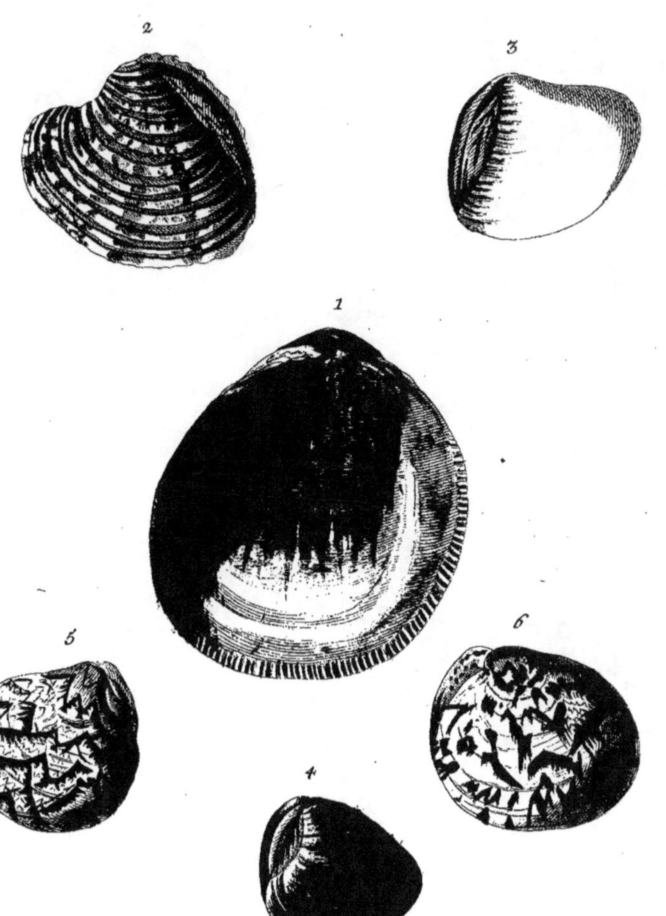

Ex Museo Houttuijniano.

Andr. Hoffer sculpsit.

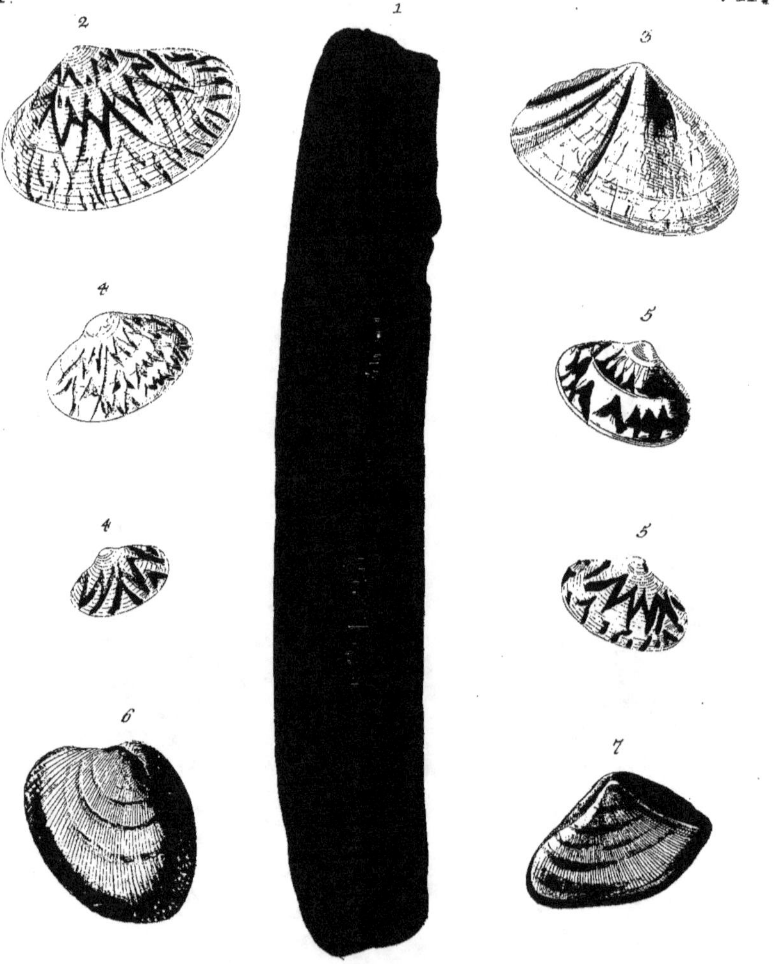

Ex Museo Houttuyniano.

J.A.Eisenmann sculp.

les *Kous - Doubletten*, le nom de *Bruinlip*, c'eſt à dire CONQUE DE VENUS A LEVRES BRUNES. Elle vient des Indes occidentales.

Fig. 4. Autre Variété de la même eſpèce de *Conque de Venus*, qui s'appelle en France LA PUCCELLE, en Hollande *Blaauwlip*, ou CONQUE DE VENUS A LEVRES BLEUES, parcequ'elle a cette partie de couleur bleauâtre, tandis que tout le reſte de ſa robe eſt d'un brun jaunâtre. Elle vient de la Mediterranée. Le nom de *Kous - Doublet*, que les Hollandois donnent communément à ce genre de Coquilles, eſt derivé du mot *Kous* qui ſignifie un *bas*, et la raiſon de cette dénomination eſt la reſſemblance qu'on a crû trouver dans les traits qui ſe voïent aux lévres et vers la charniére (parties que MR. DE LINNE' appelle *Anus* et *Vulva*), avec les coins brodés d'un bas? Analogie cherchée à la verité de fort loin!

Fig. 5. 6. Ces Coquilles ſe nomment en France communément ECRITURES ARABIQUES, en Hollande *Griekſche A. Doubletten*, c'eſt à dire CONQUES MARQUE'ES D'A. GRECS; dénominations juſtifiées par le deſſein des traits dont elles ſont chargées; le nom qui eſt uſité en Hollande, convient principalement à celle de la *fig.* 5., et l'autre à celle de la *fig.* 6., la premiére vient des Indes orientales, la derniére de l'Amerique. L'on peut conférer ici l'explication de la Pl. XX,* de la ſeconde Partie de cet Ouvrage, où il ſe voit une Coquille ſemblable, des Indes occidentales, et Pl. XX. P. I. qui en offre une des Indes orientales. La diverſité qui ſe voit dans la couleur et le deſſein de ces Coquilles nous a engagé d'aſſocier à ces deux celles que nous venons de mettre ſous les yeux des Curieux.

PLANCHE VII.

Fig. 1. Cette eſpèce de Coquille porte en Hollande les noms de *Scheede - of Geut - Doublet*, c'eſt à dire *Bivalve en forme de gaine ou de goutiére*, en France on l'appelle MANCHE DE COUTEAU. Il y en a une variété qui eſt un peu courbe ou arquée, et celle-ci s'appelle le *Sabre hongrois* parcequ'elle en a en quelque façon la forme. Celles qui viennent des Indes orientales, et qui ſont quelquefois couleur de roſe et d'une beauté ſupérieure, comme celle qui ſe voit Pl. XXXVIII. P. I. de cet Ouvrage, ſe

nom-

nomment communément *Manches de Couteaux*, au lieu qu'à celles de nos mers on donne les noms de *gaines* ou *goutiéres*; le premier de ces noms leur convient lorsqu'elles sont fermées, le second au contraire lorsqu'elles sont ouvertes, et qu'on considére chaque battant à part. Celle que nous avons sous les yeux dans cette copie, est en dehors d'un jaune foncé tirant sur le brun entremêlé de verd; en dedans d'un blanc de lait et luisante. L'animal qui habite cette sorte de Coquille, est d'une forme que l'on diroit modelée sur le creux de ses valves.

Fig. 2. L'on trouve sur les côtes des Isles de Xulan aux Indes orientales, quelquefois aussi dans la Mediterranée, une éspèce de Bivalve qui s'appelle *Came à Caractéres*, à cause des traits dont elle est chargée, comme il y en a que l'on connoit sous les noms de l'*A Grec*, de l'*Ecriture arabique*, *hebraïque* &c. La plûpart des Curieux les rangent parmi les *Cames*. Celle qui s'offre dans cette figure, est une très belle Coquille qui se distingue par la forme et la couleur de rose de ses caractéres. Nous l'appellons CAME À CARACTÉRES DES ISLES DE XULAN, en Holl. *Xulaneesche Letter-Doublet.*

Fig. 3. Autre sorte de Came, qui s'appelle en France CAME COUPÉE, en Holl. *Stompje*, à cause de sa forme, parcequ'elle paroit comme tronquée à l'une de ses extrémités. En Hollande on l'appelle aussi quelquefois de *Zaagertje*, la *petite Scie*, à cause de ses bords dentelés. Quoique nous en aïons déjà donné quelques morceaux dans la seconde Partie de cet Ouvrage *Pl.* XXIII.* nous n'avons pas voulû ometìre celui-ci, qui est plus beau et plus grand. Il vient de la Mediterranée, les autres que nous venons de citer de l'Amerique.

Fig. 4. 4. 5. 5. Si les *Cames à caractéres des Isles de Xulan* se distinguent par leur beauté, on a contume de les appeller TOURS DE BRAS, dénomination qui est reçuë même en Hollande et en Allemagne aussi bien qu'en France. Celles-ci sont généralement petites, de couleurs différentes, comme l'on voit dans celles que nous offrons ici.

Fig. 6.

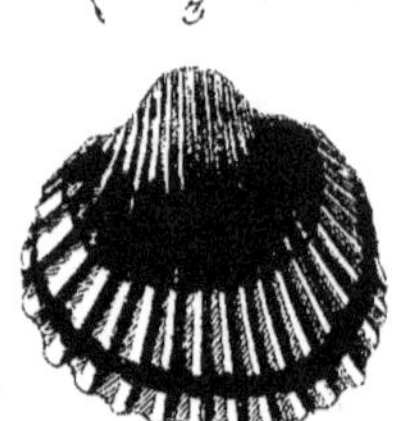

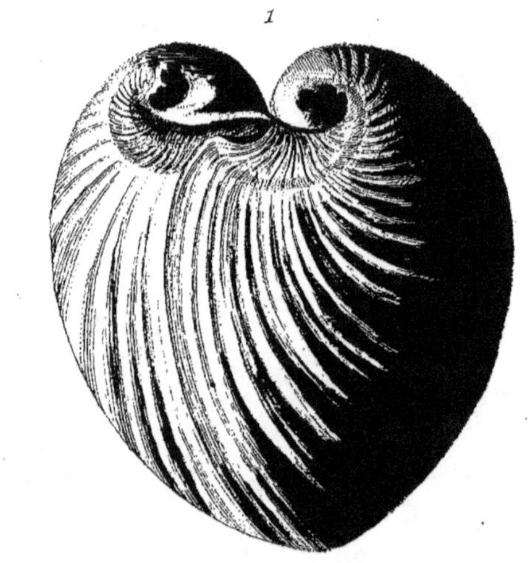

VIII

Ex Museo Houttuijniano.

J. A. Joninger sculps.

Fig. 6. Efpèce de *Came* que certains Curieux rangent parmi les *Coeurs.* En France on lui donne le nom de COEUR DE PIGEON, en Hollande celui de *Blaasagtig Hart.* D'autres la rangent parmi les *fauffes Arches.* Elle eft a fond blanc bordée de jaune, avec des cercles de même couleur.

Fig. 7. Tres belle CAME COUPE'E, en Holl. *Geel Stompje*, chargée de tout côte de ftries extrèmement fines, fauve et rouffe, et à bords violets, des Côtes d'Amerique, d'où vient auffi celle qui précéde. N. 6. fe trouve auffi en Europe.

PLANCHE VIII. ⁂

Fig. 1. Efpèce de Coeur qui n'eft pas des moindres; c'eft la BOUCARDE OU COEUR DE BOEUF, en Hollande on le connoit fous le nom de *Zots-Kappen, Bonnet de fou.* Chaque Valve à part a déjà la forme d'un tel bonnet, et de là vient que lorsqu'on les confidére dans leur réunion, on les appelle auffi double bonnet &c. quoiqu'elles n'expriment pas mal la figure d'un Coeur de boeuf. Il n'y a pas longtems que cette éfpèce de Coquilles étoit encore afsés fare, quoiqu'elle fe pèche dans la Mer Adriatique et en particulier dans le Golfe de Venife. Sa Coque eft d'une épaiffeur peu confidérable, fur tout vers les bords, et chaque Valve forme du côté de la charniére un bec contourné d'une façon finguliére. La furface interne a la couleur et le luftre de l'ivoire, le dehors eft fauve roux, à cercles d'une teinte plus legére, qui marquent les accroiffement du teft, et tout blanc lorsqu'il eft depouillé; il eft rare d'en voir avec ces taches bleuës verdàtres aux becs, qui ornent le morceau que nous offrons ici. Il eft de la grandeur qui eft ordinaire à cette forte de Coquille.

Fig. 2. Les Coquilles qui fe préfentent fous ce N⁰ et les deux fuivantes prouvent d'une maniere évidente, que les Mers du Nord et les Côtes d'Hollande ne font pas deftitués de Coquilles qui meritent l'attention des Curieux, tant par leur forme gracieufe que par leurs belles couleurs. RUMPHIUS les defigne du nom de *Pectunculi*, *Petoncles*, et en Hollande on les connoit fous celui de *Kokhaenen.* Ce font proprement des *Coeurs*, dont ils expriment auffi la figure, lorsque les deux Valves font jointes enfemble.

Ils

Ils font chargés de côtes d'une forme élégante, au nombre de vingt dans chaque valve. Celle que nous avons fous les yeux dans cette figure eft d'un beau jaune, nous l'appellons par cette raifon PETONCLE OU COEUR JAUNE, en Holl. *Geele Kokhaan.*

Fig. 3. Ce morceau ne différe du précédent qu'en ce qu'il n'eft pas d'une feule et même couleur, les Hollandois donnent à cette variété le nom de *bonte Kokhaan.* Sa robe eft d'un blanc fale, ornée dans fa partie inférieure d'une Zône brune, & bariolée vers le haut de brun & de gris.

Fig. 4. Cette Variété, de couleur bleuë, eft la plus commune de cette forte de Coquilles, les Hollandois l'appellent *de blaauwe Kokhaan.* Peut être qu'elle prend couleur feulement lorsque l'animal qui l'habite, vient à y mourir, car elle eft précifément de la même couleur au dedans comme au dehors. Dans fa forme elle s'écarte un peu des deux qui précédent, en ce qu'elle eft plus longue et plus large. Elle a des côtes larges et applaties, féparées par des fillons étroits, au nombre d'environ 25. à 26.

Fig. 5. La Coquille la plus frequente fur les Côtes d'Hollande eft une éfpèce de petite *Came,* liffe, de forme triangulaire, dont nous offrons ici un fort beau morceau. Le nombre qu'on en trouve, eft prodigieux, et on l'emploïe en Hollande genéralement pour en faire du mortier, et on envoïe même des charges entiéres dans les païs étrangers. L'on en voit des blanches, des jaunes, des blëuâtres, des ftriées, des fafciées, des bordées. Celle dont nous donnons ici la copie, eft une CAME UNIE DE RIVAGE À FASCIES, en Holl. *bont, of glad Strandfchulpje.*

PLANCHE IX. ⁑

Fig. 1. Nous avons déjà eû occafion de traiter affez au long d'une forte d'*Huitre épineufe,* que l'on connoit en Hollande fous le nom de *Lazarusklap,* et de fes caractères. Dans la cinquiéme Partie de cet Ouvrage *Pl.* V ⁑ nous en donnions entr'autres un morceau, qui furpaffoit à la verité celui que nous offrons dans cette figure, par la longueur et la fineffe de fes épines, mais auquel ce dernier ne le céde en rien à caufe de fa belle

cou-

IX

Ex Museo Houttuijniano.

Andr. Kesler sculpsit.

couleur, qui eſt d'un rouge éclatant. Car au lieu que les Huitres épineu-
ſes des Indes Occidentales ne ſont ordinairement la plûpart que d'un blanc
ſale, ou blanches, à épines rouges, blanches ou jaunes, celle-ci, quoique
de ces mémes mers, a non ſeulement les épines d'une couleur plus vive, mais
ce beau rouge ſe repand ſur toute ſa robe. La valve de deſſus ſe diſtingue de
celle de deſſous, par les taches blanches qui ornent cette éſpèce de platte-for-
me, qui ſe voit vers la tête de la Coquille et qui fait un des caractères de cette éſpèce d'Huitres. Elle eſt de grandeur ordinaire. Les épines ſont larges et applaties; l'une des Valves porte au dos deux petites Huitres feuilletées, qui y adhérent et qui ſe font remarquer dans la copie par la couleur blanche du dedans qu'elles offrent à nos yeux; l'autre valve, à laquelle adhérent en deſſous pluſieurs fragmens d'une autre ſorte d'huitre feuilletée,
porte au bec une petite branche de Corail blanc qui s'y eſt attaché. Nous
donnons à ce morceau le nom D'HUITRE E'PINEUSE ROUGE DES INDES OCCI-
DENTALES, en Holl. *de roode Weſtindiſche Lazarus-Klap.*

Fig. 2. Dans la premiere Partie de cet Ouvrage nous donnions une
Valve iſolée d'une Huitre épineuſe des Indes orientales, ici nous en offrons
une qui a ſes deux Valves complettes, en Holl. *een Ooſtindiſche Lazarus-
Klap.* Elle eſt à robe brune chargée d'épines blanches. La Valve inférieure ſe fait apercevoir vers le ſommet où elle déborde l'autre. Cette
ſorte d'Huitre n'arrive jamais à une grandeur fort conſiderable.

Fig. 3. Nous éſpérons que les Curieux ne trouveront pas mauvais, ſi
nous remettons ſous leurs yeux une éſpéce de *Came* dont il a déjà été
donné une copie dans la Ire Part. de cet Ouvrage *Pl.* XXII. celle qui s'offre
ici, la repréſentant du côté de ſa partie tronquée et les deux valves réunies;
c'eſt la forme ſous laquelle elle ſe fait voir lorsqu'on la regarde de ce côté,
qui lui a fait donner en Hollande le nom de *Paarde Voet*, *Sole de cheval*,
en France on lui donne celui de FEUILLE DE CHOU. On en trouve de fort
grandes, mais ce ſont des morceau précieux. Elle eſt à fond blanc tachée
de rouge et jaune, et chargée de groſſes côtes ſtriées.

18

Fig. 4. PEIGNE ORANGE en Holl. *Oranje Mateltje*, qui furpaſſe par ſa beauté tous ceux que nous avons donné juſqu'ici dans cet Ouvrage. Il a vingt et deux côtes chargées dans leur moitié inférieure de petites tuiles.

Fig. 5. Dans la cinquiéme Partie de cet Ouvrage *Pl.* XXV ✲✲ nous préſentions une Huitre de l'eſpèce que les Hollandois ont coutume de nommer *Barnſteen Oeſter*, à cauſe de ſa couleur qui imite celle de l'Ambre jaune. Comme cette ſorte d'Huitre, que l'on connoit en France ſous le nom de PELURE D'OIGNON, eſt regardée genéralement comme rare, on ne nous ſaura pas mauvais gré, ſi nous en offrons ici encore un morceau, qui différe du precédent, en ce qu'il eſt d'une couleur violette tirant ſur le rouge, et au dedans d'un poli admirable. En Hollande cette variété porte le nom de *Paarſche Bernſteen - Oeſter*. Il eſt extrémement rare de trouver ces Huitres complettes avec leur deux battans.

PLANCHE X. ✲✲✲

Fig. 1. Lorſqu'on conſidére la ſurface reticulée de cette Coquille, l'on trouvera ſans peine la raiſon qui peut avoir porté les Hollandois à lui donner le nom de *Wafelyſer*, et pourquoi les François l'appellent CAME A RE'SEAU. Elle eſt chargée de côtes circulaires en forme de lames tranchantes, croiſées par des ſtries longitudinales, qui forment une eſpèce de réſeau. La coque en eſt épaiſſe, marbrée en dehors de brun ſur un ſond blanc, en dedans d'un blanc pâle, et d'un violet ſoncé vers les bords. Cette ſorte de Coquille ſe pèche aux Indes et ſur les Côtes d'Afrique.

Fig. 2. La ſtruEture de cette éſpèce de Came, que l'on connoit ſous le nom de *Vieille ridée*, a été ſuffiſamment expliquée dans la ſeconde Partie de cet Ouvrage *Pl.* XXVIII.* où nous avons remarqué en même tems qu'elle doit ſon nom aux côtes en forme de rides dont elle eſt chargée. L'on en voit dont les côtes ſont en forme de lames ſaillantes et tranchantes, qui forment avec les ſtries longitudinales qui les croiſent, une éſpèce de treillis, et telle eſt celle dont nous offrons ici la copie, elle s'appelle en Hollande, *de Getralied Oud Wyf*, LA VIEILLE EN TREILLIS, elle différe

beau-

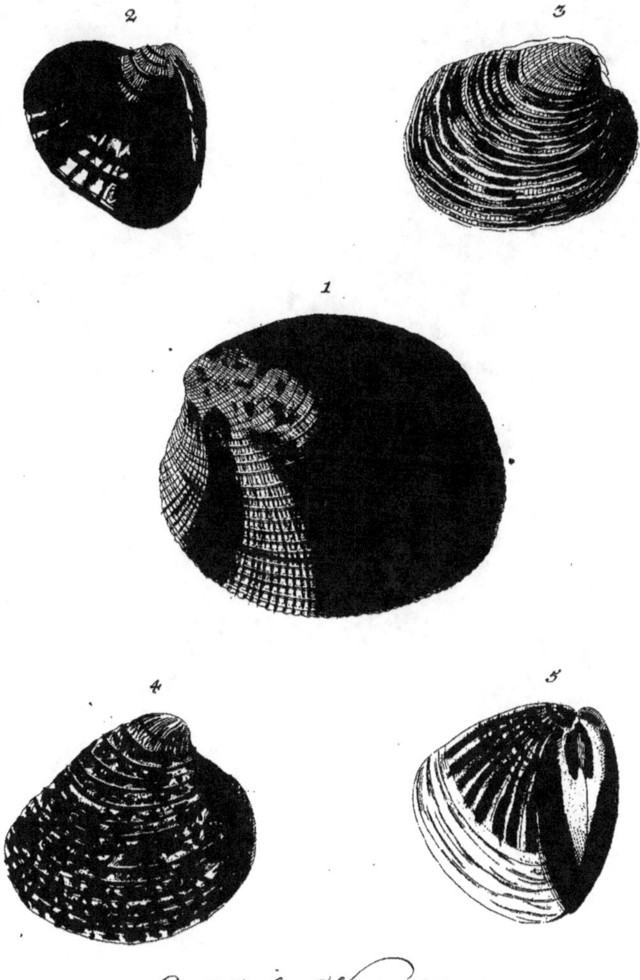

Ex Museo Houttuijniano.

J. A. Eisenmann sculp.

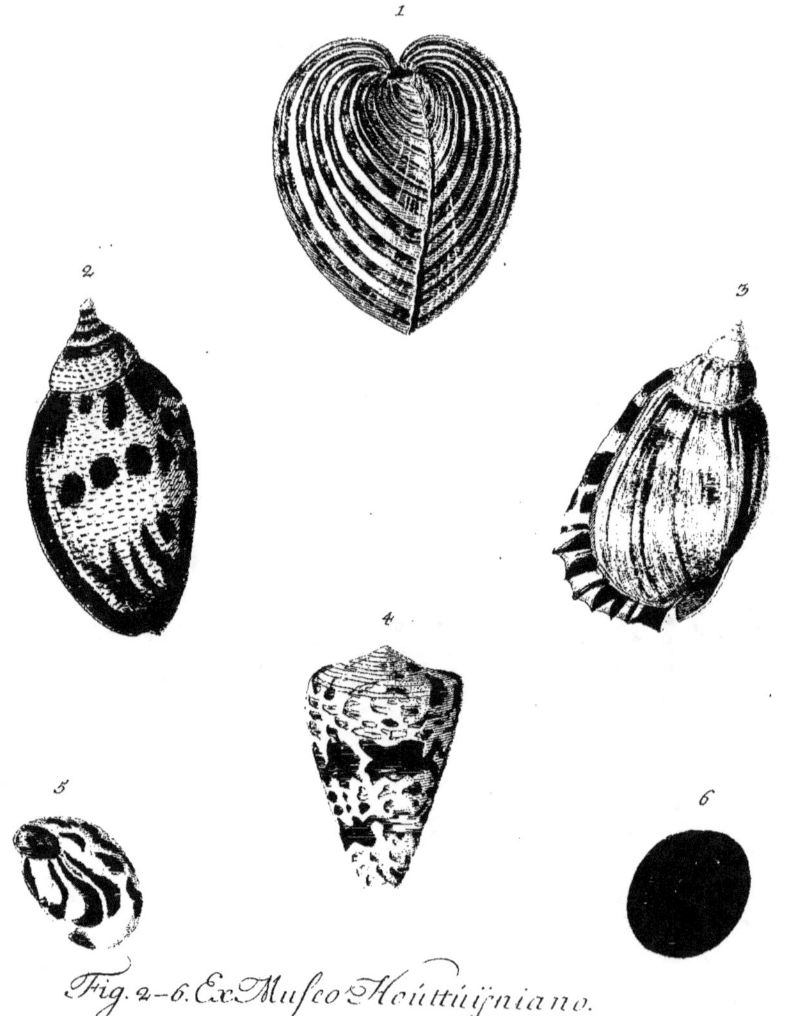

Fig. 2–6. Ex Museo Houttuijniano.

J.A.Seninger sculp.

beaucoup de celle qui fe voit ci-deffûs *Pl.* VI. ✸ Sa couleur eft un brun foncé nué de gris blanchâtre. Elle vient d'Afrique.

Fig. 3. Il arrive fort fouvent que les Curieux confondent enfemble deux fortes de Coquilles qui fe reffemblent, et de là vient que la Coquille qui fe voit dans cette figure, fe prend quelquefois pour la *Came à réfeau* qui a été decrite ci-deffus *Fig.* 1. C'eft une CAME COUPE'E EN BEC DE FLÛ-TE, en Holl. *een Lipdoublet*, fes lévres épaiffes et toute la conformation le prouvent d'une maniére à n'en point douter. Sa robe eft d'un blanc pâle on cendré avec des taches fauves et jaunes.

Fig. 4. La CONQUE DE VENUS OU VIEILLE RIDE'E qui s'offre dans cette figure, femblable dans fa forme auffi bien que dans la ftructure de fa char-niére à toute autre de cette éfpèce de Coquilles, et rapportée par cette raifon parmi les *Kous-Doubletten* des Hollandois, s'en diftingue affés par la belle couleur de fa robe qui eft toute marbrée de brun, pour trouver ici fa place. Elle s'apelle en Hollande *Bont Oud Wyf*, LA VIEILLE BIGARRE'E. La Coque en eft fort épaiffe, blanche en dedans fans éclat, et marquée fur l'un des côtés d'une tache violette.

Fig. 5. C'eft la CAME STRIE'E OU RADIE'E, en Holl. *Kwaaker-Doublet*, qui a déjà parué dans la cinquiéme Partie de cet Ouvrage *Pl.* XV. ✸✸ *fig.* 2. Nous avons jugé à propos de la prefenter ici encore une fois, fous un autre point de vuë, pour rendre plus fenfible la partie qui a fait naitre aux Hollandois l'idée de defigner cette forte de Coquille du nom de *Kous-Dou-bletten;* cette partie eft radiée de jaune et brun fur un fond blanc, et ils croïent trouver dans l'affemblage de fes ftries quelque reffemblance avec le coin d'un bas. A' parler le langage de MR. DE LINNE' l'on y decouvre non feulement les *labia pudendi* mais auffi les *Nymphae* et la *rima Vulvae.*

P L A N C H E XI. ✸

Fig. 1. Le COEUR DE VENUS qui s'offre dans cette figure, fe diftingue du commun des Coquilles que l'on connoit fous ce nom, et qui font or-dinairement blancs ou gris cendrés, comme les échantillons que nous en

C 2

avons

avons donnés dans la première partie de cet Ouvrage *Pl.* **XVIII.** *figg.* 3. 4.
par fa belle couleur de rofe; et ce morceau eft d'autant plus à eftimer que
cette couleur n'eft pas repanduë également, mais diftribuée par fafcies de
différentes nuances entremêlées de raïons jaunes, outre qu'il eft grand dans
fon efpèce. En Holl. il eft appellé *de Rofe Kleurig Venus - Hart.* L'on ne
fait pas de quel parage il vient.

    Fig. 2. Cette belle forte de Coquille eft appellée en Hollande *de Lap-
landfche Laphooren*, L'AILÉE DE LAPONIE, parceque les prémiéres qu'on en
apporta en Hollande, vinrent, de ce païs, quoique l'on ne fache pas quel hazard peût les y avoir amené, vû que dans la fuite on les eût des Indes tant
orientales qu'occidentales. Elle fe fait remarquer tant par fa ftrudure que
par la couleur et le deffein de fa robe. Sa clavicule eft fort élevée, et le
fût chargé de rides comme celui des *Olives*, d'où il vient auffi que MR. DE
LINNE' la range parmi les Volutes.

    Fig. 3. Il eft rare de voir un *Casque Bezoard* qui a fa lévre extérieure fi épaiffe
que celui qui s'offre dans cette figure, il s'appelle en Hollande *de Gedoornde Bezoar Zoompje*, CASQUE BEZOARD A' LEVRE E'PINEUSE, parceque le rebord de la lévre extérieure eft chargé dans fa partie inferieure de quelques épines, ce qui le diftingue auffi du commun de cette forte de Coquilles. Il eft fuperieur au refte des Bezoards par la beauté de fa robe qui
eft jaune et ftriée; d'où leur vient le nom de *Bezoard* c'eft ce qui a déjà
été indiqué dans la troifiéme Partie de cet Ouvrage.

    Fig. 4. Le *Cornet* que l'on connoit en Hollande fous le nom de *Ita-
liaanfche Vloer*, LE PAVE' A' L'ITALIENNE, LA MOSAÏQUE, occupe parmi les
Coquilles de fon genre un rang qui n'eft pas des moindres. Le morceau
qui fe voit dans cette figure, nous a parû meriter d'être mis fous les yeux
des Curieux d'autant plus que par fa beauté il furpaffe de beaucoup celui
de la *Pl.* XII.* *Part.* II. de cet Ouvrage, et nous éfpérons que l'on ne nous
faura pas mauvais gré de cette repétition. VALENTYN donne à cette Variété le nom de *l'Admiraal van de Italiaanfche Vloers*, parceque les grandes taches dont elle eft marbrée, forment comme deux Zônes; c'eft en
éffet

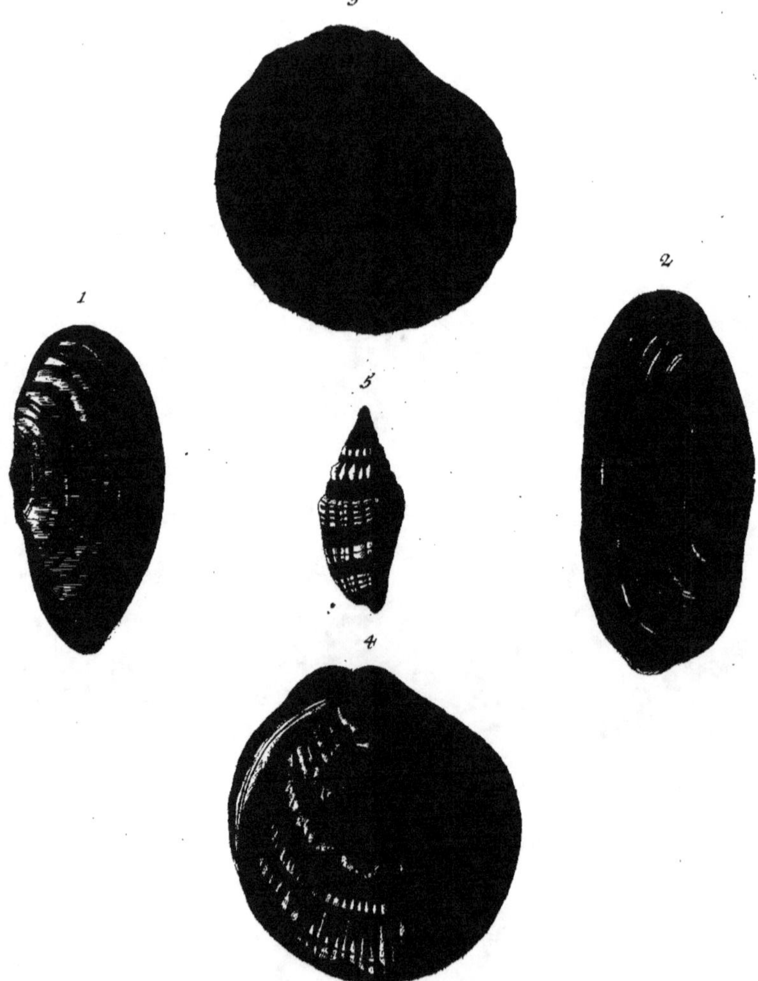

Ex Museo Houttuijniano.

J. A. Eisenmann sculps.

éffet auffi un morceau rare et précieux, furtout de cette grandeur. Vers la pointe fa couleur tire fur le pourpre. L'on n'en trouve d'ailleurs de copie que chez GUALTIERI. *Tab.* 21. *lit. H.* et SEBA *Tab.* LV. *fig.* 4 - 10. où il en donne fept variétés différentes, fous le nom de *Nattes d'Italie*, qui ne leur convient pas trop bien, car c'eft proprement des Pavés à la Mofaïque, qui font fort en ufage chés les Italiens, qu'elle tire fon nom, d'où il vient auffi qu'en françois on l'appelle quelquefois LA MOSAÏQUE.

Fig. 5. Il y a une forte de *Lepas* que l'on defigne en France du nom de *Lepas chambré*, en Hollande de celui de *Pantoffelen, Pantoufle;* nous en offrons un dans cette figure, qui porte à caufe de fa marbrure, le nom de *Bont Pantoffeltje*, PANTONFLE BIGARRE'E. Denomination juftifiée tant par fa forme que par la cloifon qui couvre la moitié de fa bafe. Ce morceau n'eft pas à la verité des plus grands dans fon efpèce, mais certainement des plus beaux.

Fig. 6. Dans la cinquiéme Partie de cet Ouvrage *Pl.* XXII. ** *fig.* 8. il a été repréfente *un Opercule* d'une Coquille bivalve, l'on en trouve de différente grandeur, et on les connoit fous le nom de NOMBRILS MARINS, OU UMBILICS DE MER. Le côté qui regarde l'interieur de la Coquille, et avec lequel ils adhérent à l'animal, eft plat et marqué d'une Spirale, l'autre eft convexe, bombé, et de couleur blanche. Celui que nous mettons ici fous les yeux des Curieux eft de forme ovale, chargé d'un tubercule, et d'un rouge de feu. En Hollande on appelle cette forte *een Bultig Zeenaveltje;* quelquefois on lui donne auffi le nom de FEVE DE MER.

PLANCHE XII. ***

Fig. 1. Parmi les Tellines papyracées de forme allongée, l'on en trouve qui fe rétréciffent d'un côté confidérablement, appellées FEUILLES DE ROSE, lorfqu'elles font petites, et qu'elles ont la couleur de cette fleur; celles dont nous en offrons une dans cette figure, portent en Hollande le nom de *Roosdoubletten.* Ces Coquilles, quoique fort étroites d'un côté, s'écartent beaucoup d'une autre forte de Tellines que l'on connoit en Hollande fous le nom de *Banquet - Hammeltje, petit Jambon de deffert*, repréfentée

C 3   *Pl.*

22

Pl. II.*** de la quatrieme Partie de cet Ouvrage. Celle que nous avons
fous les yeux, eft couleur de rofe pâle, et vient de nos mers.

Fig. 2. Comme cette Coquille reffemble beaucoup à la *Langue d'or*
qui fe voit dans la cinquiéme Partie de cet Ouvrage *Pl.* XXIX. ** on l'appelle en Hollande *de blaauwe Tong*, LA LANGUE BLEUE. Pourquoi ces fortes
de Coquilles portent le nom de *Langues* c'eft ce qui a déjà été indiqué
dans l'endroit que nous venons de citer.

Fig. 3. Cette figure offre la Valve fupérieure d'une HUITRE E'PINEÛSE
ORANGE'E, en Holl. *Oranje Lazarus-Klap*, de la même efpéce que celle
dont on voit la valve inférieure dans la I.re *Part. Pl.* VI. *fig.* 3. Ces Huitres
viennent des Indes orientales; pour ne pas groffir fans neceffité cet Ouvrage, nous nous difpenfons de nous y arrêter, d'autant plus que tout ce qui
en concerne la ftructure et les caractères, a été dit dans les Volumes pré-
cédents, et que la contemplation des figures eft plus que fuffifante pour
nous en inftruire.

Fig. 4. Cette efpèce de Coquille à valves épaiffes et bombées eft appellée en Hollande *Pofferdoublet*, parcequ'elle reffemble par fa forme à une
efpèce de Bignet qu'on y fait et qu'on nomme *Poffer*. Certains Auteurs la
rangent parmi les *Arches de Noë*, parceque fa charniére eft compofée comme celle des Arches, d'une file de petites dents; d'autres la rapportent
au genre des *Cames*. Il feroit inutile d'avertir ici, que dans fa forme elle
s'écarte extrèmement des prémieres. L'individu dont noùs offrons ici la
copie, eft fi renflé, que fon epaiffeur égale a peu-près les deux tiers de fa largeur; fourtout eft-il fort relévé vers le fommet. Sa couleur eft d'un
beau brun; et à juger par les ftries que l'on y aperçoit, il étoit chargé na-
turellement de côtes, qui ont été ufées par le frottement par lequel on
lui a fait prendre le poli qu'on lui voit. Dans cet état il doit porter le
nom de BIGNET LUISANT, qui ne lui conviendra pas moins que celui *de
gladde Poffer* en Hollandois.

Fig. 5. Cette Coquille fe range parmi les *Aiguilles fafciées*, dont il a
déjà été parlé dans plus d'un endroit des Parties précédentes, quoiqu'elle
foit

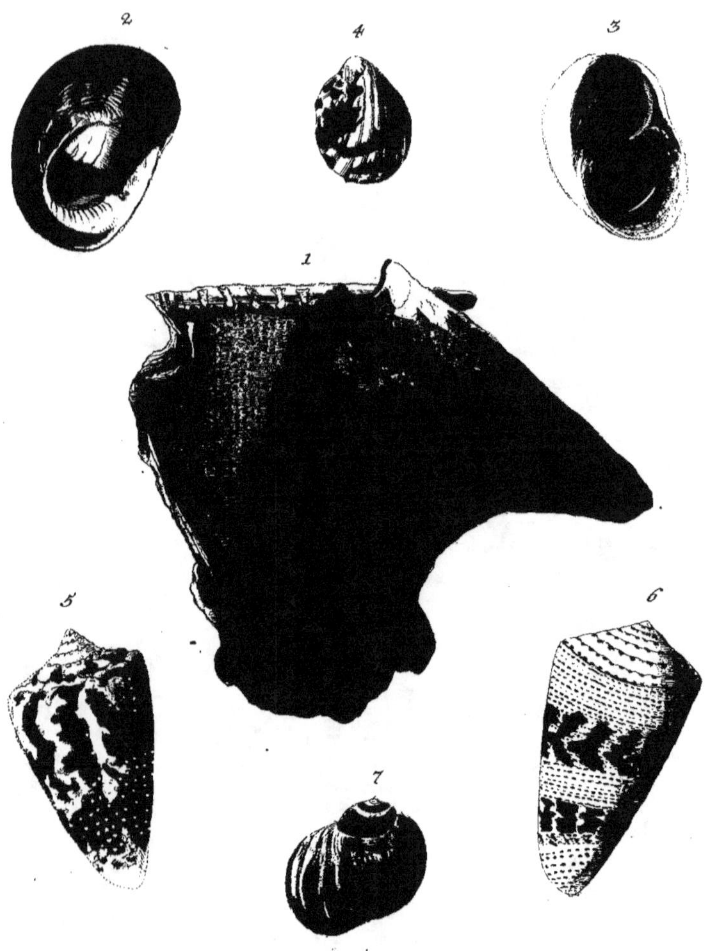

Ex Museo Hoüttüijniano.

G.P. Trautner sculpsit.

foit plus courte et en même tems plus épaiffe que les Aiguilles ordinaires, ce qui la fait reffembler en quelque façon à une *petite Tour*, efpéce de BUC- *cin*; outre qu'elle a des cannelures plus profondes et des tubercules plus faillans, que toutes les Aiguilles qui ont paruës jusqu'ici dans cet Ouvrage. Les fafcies couleur de marron fur un fond blanchâtre dont elle eft chargée, ne contribuënt pas peu à reléver la beauté de fa robe, RUMPHIUS lui donne le nom de *Turricula plicata*, *Geplooide Toorentje*, *petite Tour plifée*, mais nous croïons que celui D'AIGUILLE FASCIE'E DE BRUN, en Holl. *Bruin- gebandeerde Bandpen*, lui convienne mieux.

PLANCHE XIII. ***

Fig. 1. Nous avons déjà eû occafion de parler d'une efpèce d'Huitre que l'on connoit en Hollande fous le nom de *Winkelhaak - Doublet*, EQUER- RE, dans la defcription des Coquilles de la *Pl.* X.*** *Part.* IV. de cet Ouvrage. Ici nous en offrons un fecond morceau, beaucoup plus beau que le premier, tant du côté de la couleur que de la forme. Il fe trouve repré- fenté de la maniére, que la Valve fuperieure ne couvre pas l'autre, afin qui l'on voïe la charniére qui eft compofée de plufieurs dents rangées en file, et le nacre du dedans. En dehors il eft de couleur violette. C'eft une Coquille fort rare.

Fig. 2. Cette efpèce de Nerite eft appellée chez RUMPHIUS *de Came- lotje*, *le petit Camelot* parcequ'elle imite cette étoffe par les traits ondu- leux qui ornent fa robe. Nous l'appellons fimplemeut LA NERITE ONDE'E, en Holl. *de Gegolfde Neriet*. Sa bouche eft d'un blanc jaunâtre, et ce qui merite en particulier d'être remarqué ce font les dents qui garniffent fes deux lèvres; ce qui eft une chofe très rare, la plûpart des Nerites n'ayant des dents que d'un côté.

Fig. 3. Cette Coquille porte avec raifon le nom de NERITE A' BOUCHE JAUNE, en Holl. *de Geelmond Neriet*, parceque l'intérieur de fa bouche eft d'un jaune extrèmement vif. C'eft fans contredit l'efpèce qui fe voit chez GUALTIERI *Tab.* IV. *Lit. H. H.* et qui eft au rapport de ce Naturalifte, la plus grande forte des Nerites d'Eau douce, à bouche jaune et lévre inté-

rieure

rieure de couleur noirâtre, feulement il y a cette différence, que celle de
GUALTIERI eft finement ftriée en dehors, et d'un verd obfcur, au lieu que
la nôtre eft toute blanche eft liffe, à moins qu'on ne voudroit dire, que
celle - ci pourroit être ufée et polie, ce de quoi nous croïons éffective-
ment y remarquer quelque trace.   Ce qu'il y a de plus particulier c'eft
qu'elle a un petit enfoncement au fommet, d'où il paroit qu'on doit la
rapporter à l'efpèce que MR. de LINNE' appelle *pulligera*, et qui a, fuivant
RUMPHIUS, l'intérieur de la bouche d'une couleur fauve.

Fig. 4. NERITE BARIOLE'E DE BLANC ET DE NOIR, en Holl. *Zwartbonte
Neriet*, repréfentée du côté du dos.   La bouche de cette Coquille eft de-
ftituè de dents, et l'on n'y voit que quelques ftrics fur la levre intérieure.
Probablement elle vient des Indes orientales.

Fig. 5. Le nombre des *Cornets* que l'on a découvert jusqu'ici, eft fi
grand et l'on y remarque une variété fi prodigieufe, qu'il eft presqu'impof-
fible de trouver afsés de caraétéres propres et fuffifants pour les diftinguer con-
venablement les uns des autres, et d'éviter toute confufion; nous avons,
il eft vrai, des caraétéres pour en determiner les efpèces, ce n'eft pas là
la difficulté, mais c'eft que l'on rencontre toujours des individus qui portent des caraétéres de deux éfpèces différentes et paroiffent apartenir également à l'une et à l'aute, de forte que plus la Nature varie dans fes pro-
duétions, moins nous fommes en êtàt de les foumettre à nos claffifications
et de leur trouver des noms fuffifamment caraétériftiques.   Tel eft le morceau que nous offrons dans cette figure! Il a tant de reffemblance avec le
Cornet que l'on connoit en Hollande fous le nom *de klimmende Leeuw*, *Lion
rampant*, et dont nous avons donné des échantillons ci - deffûs *Pl.* I. ⁂
et *Part.* II. *Pl.* I.* que nous nous trouvons obligés de le rapporter à cette
même efpèce, fous le nom de LION RAMPANT GRAINE', en Holl. *gegranuleerd klimmende Leeuw*.   Il vient des Indes orientales.   Sa robe eft marbrée
de belles taches d'orangé en forme de flammes, et chargée de petits grains
blancs.

Fig. 6. On aura de la peine à trouver un plus beau *Cornet* de cette
efpèce que celui qui s'offre dans cette figure. C'eft une Variété dont nous
ne

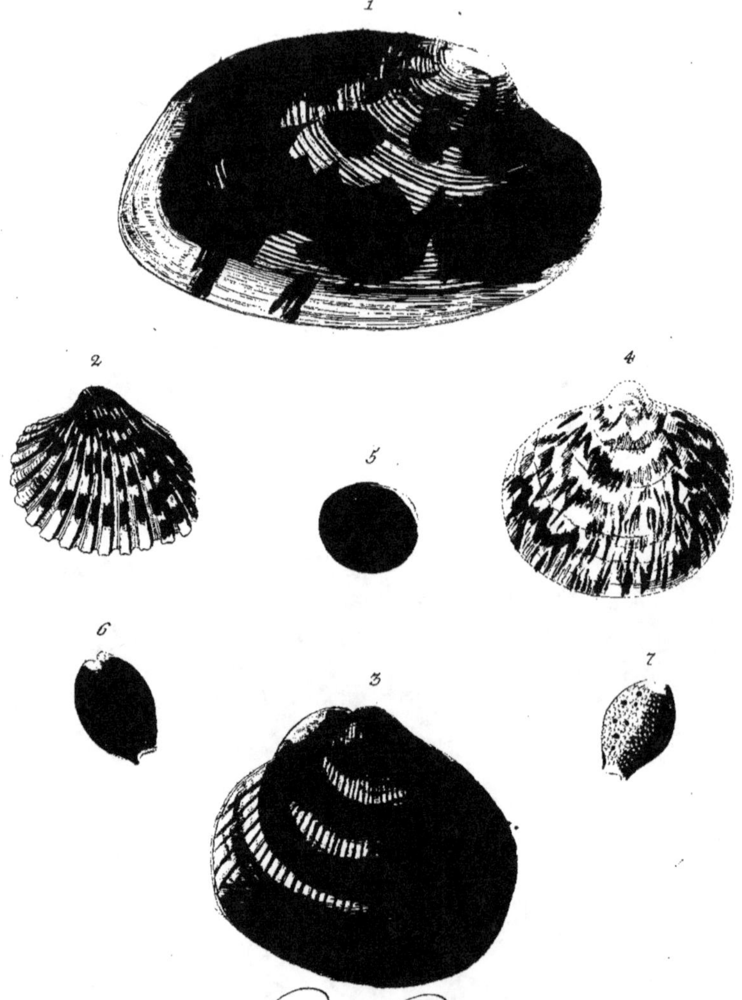

Ex Museo Houttuijniano.

G. P. Trautner sculpsit.

ne trouvons nullement de copie, ni de defcription, d'une forme très reguliére, et à tête conique, quoique peu élévée; fa robe eft d'un blanc de neige, ponctuée par Zônes de marron clair, et chargée de deux fafcies formées par des taches de même couleur, dont les unes, favoir celles qui compofent la fafcie fupérieure, font d'une forme reguliére, qui approche beaucoup de celle d'un L; les autres, ou celles de la fafcie inférieure, reffemblent en quelque façon à la lettre F. Cette regularité dans le deffein lui a fait donner en Hollande le nom de *geftipte Band - Toot*, CORNET PONCTUE' A' FASCIES. Il vient des Indes orientales.

Fig. 7. LIMAÇON A' BOUCHE DEMI - RONDE des Côtes d'Hollande. Il doit fe ranger parmi les *Jaunes d'oeuf*, en Hollande il porte le nom de *Strand - Doijer*. Il eft rare d'en trouver de cette grandeur, car ordinairement cette forte de Limaçon, ftriée transverfalement fur fon premier orbe, n'excéde guères la groffeur d'un pois. La tête eft couleur de pourpre, le refte d'un jaune mêlé de brun et de blanc.

P L A N C H E XIV. ***

Fig. 1. Dans la première Partie de cet Ouvrage fe voit *la veritable Ecriture arabique* qui fe diftingue par la netteté de fes caractéres. Pour faire fentir combien l'on trouve de variété parmi les Coquilles d'une même efpèce, nous offrons ici la copie d'une ECRITURE ARABIQUE MARBRE'E de taches, qui imitent quelquefois par leur figure des cabanes portées fur des pilotis et couvertes de nuées; en Hollande cette Variété porte le nom de *gevlekte Strikdoublet*.

Fig. 2. Cette forte de Coquille eft appellée en Hollande *de Zee - Noot*, LA NOIX DE MER. Elle reffemble beaucoup à la *Noix de Mer de la Mediterranée de* BONANNI. Sa robe eft à fond blanc, ornée de taches rouges, fur les côtes dont elle eft chargée, et qui font affés ferrées. C'eft une efpèce de *Came*, ou *Kom - Doubletten* des Hollandois.

Fig. 3. La Coquille qui fe voit dans cette figure, peût fe rapporter parmi les *fauffes Arches* auffi bien que parmi les *Poffers* ou *Bignets* des Hollan

Sixieme Partie.   D   dois

dois. De l'une et de l'autre de ces deux fortes de Coquilles il a déjà été parlé ci - deſſûs; celle que nous avons ſous les yeux, a le ſommet un peu plus ſaillant que celle qui ſe voit *Pl.* XII. *** et ſa couleur eſt plus pâle, c'eſt pourquoi nous l'appellons, d'après MR. DE LINNE´, LE BIGNET PALE, *de Bleeke Poffer.* Les bords de ſes battans ſont garnis intérieurement d'un grand nombre de groſſes dents, et nous croïons qu'au dehors ils étoient chargés de côtes qui ont été uſées. L'intérieur en eſt blanchâtre.

Fig. 4. Cette Coquille, plus ronde et moins bombée d'un côté que la precedente, reſſemble encore d'avantage aux *Poffers* des Hollandois. Sa robe eſt marbrée de flammes jaunes de forme irreguliére ſur un fond blanchâtre. Elle vient des Indes occidentales, et porte le nom de *geel gevlamde Poffer,* LE BIGNET A´ FLAMMES JAUNES.

Fig. 5. Les Opercules des Limaçons à bouche ronde s'appellent aux Indes du nom de *Maans - Oogen*, OEILS DE LUNE, et tel eſt celui qui s'offre dans cette figure. Du côté plat, avec lequel il étoit attaché à l'animal, il eſt d'une couleur brune, et orné de cette ſpirale qui ſe voit dans tous, (*voy. Pl.* XXVII. ** *Part.* V. *fig.* 8.) Le côté convexe eſt ſauve - roux, marqué d'une tache ronde d'un verd luiſant; l'on en voit de plus grands avec des taches ſemblables, tandis qu'on en voit de même grandeur que celui que nous avons ſous les yeux, qui n'en ont point; de ſorte que cette tache paroit être quelque choſe d'accidentel.

Fig. 6. 7. Eſpèce de *Porcelaine* que les Hollandois appellent du nom de *Kakkerlakken*, emprunté, au rapport de RUMPHIUS, d'un certain Inſcête à corps applati de couleur brune, que l'on deſigne aux Indes de ce nom et auquel on croit trouver quelque reſſemblance avec cette ſorte de Coquille, que l'on connoit d'ailleurs auſſi ſous le nom de CAURIS OU KAURIS. L'on en voit à dos couleur de marron, comme *fig.* 6. d'autres ſont à moitié bleuâtres avec des points blancs, jaunes, et ſauve - roux, comme *fig.* 7.

PLAN-

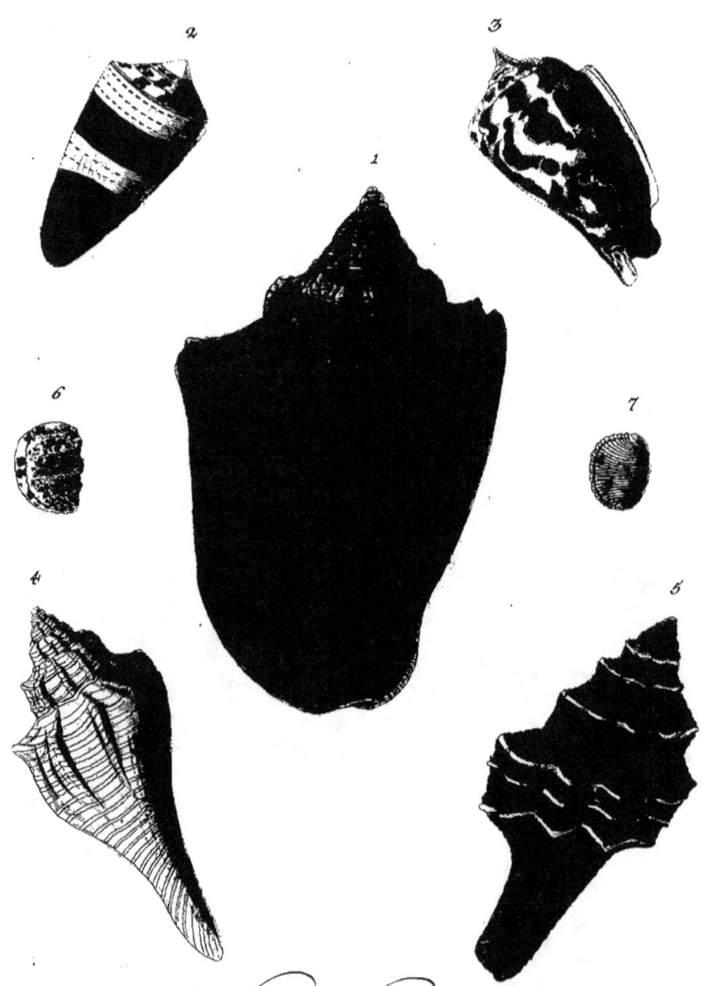

2
3
1
6
7
4
5
Ex Museo Houttuijniano.
G. P. Trautner sculpsit.

PLANCHE XV. ✳✳

Fig. 1. La Coquille qui occupe le milieu de cette Planche, eſt un morceau précieux et qui ſe diſtingue par ſa beauté. C'eſt une MUSIQUE BA-
TARDE OU BOIS-VEINE, en Holl. *Wilde Muſik*, ainſi appellée parceque le
deſſein de ſa robe approche beaucoup de celui des *Muſiques*, à cela près-
que les traits qui devroient exprimer les notes et les lignes, y ſont beaucoup moins reguliers, d'où il vient qu'on la nomme quelquefois auſſi la
Muſique des Païſans. Dans la premiere Partie de cet Ouvrage *Pl.* XXIV. ſe
voit un autre morceau de la même eſpèce, qui différe un peu de celui-
ci dans ſa ſtructure, et qu'on a eû ſoin de préſenter dans la copie de maniére qu'on en decouvre la bouche entiére avec les rides dont le fût ſe
trouve chargé. Ce ſont ces rides qui ont engagé MR. DE LINNE' à ranger
cette Coquille au nombre des Volutes. A en regarder en gros la conformation, elle tient pour ainſi dire le milieu entre *la vraïe Muſique* et la *Chau-
ve ſouris*, que l'on connoit en Hollande auſſi ſous le nom de *Varkens-Snui-
ten, Grouin de Cochon*. Les traits couleurs de marron dont ſa robe eſt pein-
te, ſortent du fond brun clair d'une maniére qui fait un éffet fort agréable,
et les tubercules qui bordent ſes orbes forment une couronne très gra-
cieuſe. Ce morceau vient des Indes orientales.

Fig. 2. Nous avons déjà eû occaſion de remarquer, que parmi les
Cornets que l'on connoit en Hollande ſous le nom de *Bois de Chêne*, en
France ſous celui de *Minimes*, l'on en voit de couleur marron clair cerclés
de raïes plus foncées qui imitent les veines du bois de chêne, outre une
Variété de couleur jaune, ſujette à être confonduë avec une eſpèce de
Cornet totalement différente, qui s'appelle en Hollande *geele Top, le Cor-
net à pointe jaune*, et dont on voit un échantillon *Pl.* I** *Part.* III. de cet
Ouvrage. Le veritable *Bois de Chêne* ou *Minime* ſe voit *Pl.* XXV. ✳✳
Part. V. Celui qui s'offre dans la figure que nous avons ſous les yeux, eſt
à fond aurore faſcié de jaune, ce qui lui a fait donner en Hollande le nom
de *wit gebandeerde geele Eikenhouts Toot*, MINIME AURORE A' FASCIES BLAN-
CHES. La pointe eſt ornée de quelques taches brunes.

D 2

Fig. 3.

Fig. 3. Les Hollandois donnent le nom de *Canaris*, tirè, au rapport de certains Auteurs, d'une racine de couleur jaune lorsqu'elle eſt dépouil. lée de ſon écorce et qui croît aux Indes, à une eſpèce d'Ailée, don nous avons donné des échantillons dans la ſeconde et troiſiéme Partie de cet Ouvrage. La Coquille qui s'offre dans cette figure, et qui vient des Indes orientales, à n'en juger que par la conformation de ſa bouche, paroit devoir ſe rapporter au nombre de celles que l'on connoit en Hollande ſous le nom de *Loehonees - Hoorntjes*, mais ſi l'on en conſidére toute la ſtru. &ure, l'on conviendra qu'elle doit ſe ranger plutót parmi les *Canaries*, et notamment ſous l'eſpèce que RUMPHIUS appelle du nom de *Gebloemde Kanary*, CANARIS A` FLEUR.

Fig. 4. On nous envoïa cette Coquille ſous le nom de *Trompet van Ternate*, BUCCIN DE TERNATE. RUMPHIUS *Pl.* XXVIII. *Lit.* A. offre, ſous le nom de *Trompet van Aru*, un Buccin qui reſſemble beaucoup à celui - ci, quoiqu'on ne puiſſe pas le donner poſitivement pour la même ſorte; probablement ſont ce deux Variétés d'une même eſpèce, car ils viennent l'un et l'autre des Indes orientales. Sa clavicule eſt ſenſiblement retrécie et à orbes bien prononcés, et toute la coquille eſt cerclée en dehors et d'un jaune pâle.

Fig. 5. Parmi les *Fuſeaux à queue racourcie* qui ſe voïent chés les Auteurs, je n'en trouve point qui reſſemblent entiérement à celle qui s'offre dans cette figure, et qui différe auſſi du *Fuſeau à faſcies* de la Pl. X. ** ** *Part.* V. et du *Fuſeau faſcié à queuë racourcie* de la *Pl.* XX. *** *Part.* IV. auquel cependant il approche le plus. On l'appelle en Hollande *de bruine geknobbelde Spil*, FUSEAU BRUN A` TUBERCULES, parceque cette couleur domine principalement ſur ſes boſſes et dans les interſtices que laiſſent entre elles les côtes transverſales blanches qui l'entourent; les ſillons interceptés entre les côtes longitudinales ſont marqués de ſtries jaunes qui regnent d'un bout à l'autre. La bouche et toute la ſurface interne eſt d'un blanc éclatant.

Fig. 6. Cette petite Coquille, qui approche beaucoup de celle de la *fig.* 4. *Pl.* XII. *** *Part.* IV. et qui eſt du nombre de celles que les Hollan.

dois

Ex Museo Houttuÿniano.

G. P. Trautner sculps.

dois defignent du nom de *Speculatje goed*, aïant beaucoup de reffemblance avec une FRAISE, nous n'héfitons point de lui donner ce nom, en Holl. *de Aardbeesje.* Dans fa forme elle reffemble beaucoup à une petite Volute, et fa bouche eft marquée de quelques taches couleur de rouille.

Fig. 7. Cette Coquille eft appellée en Hollande *de geribd Belletje*, LE PETIT GRELOT A CÔTES, parcequ'elle reffemble en quelque maniére aux grelots dont on a coutume de garnir les colliers des petits chiens. Le grand nombre de côtes dont elle eft chargée la rendent un péu raboteufe en dehors. Sa bouche eft garnie de dents des deux côtés. Elle eft couleur de chair pâle, et doit fe rapporter parmi les Porcelaines que l'on connoit fous le nom de *Poux de Mer*.

PLANCHE XVI. ⁂

Fig. 1. GATEAU FEUILLETE', en Holl. *Rots-Doublet*, qui fe trouve reprefenté ici du côté interne, parceque du côté externe cette forte de Coquille reffemble ordinairement à celle que l'on connoit en Hollande fous le nom de *Foely Doublet*, *Fleurs de Mufcade.* C'eft proprement un group de deux battans de deffous qu'un hazard a collé enfemble, et qui ont appartenu à deux individus différens dont les battans de deffus fe font perdus. La conformation de leur charniére, qui ne confifte qu'en une cavité profonde dans laquelle fe loge une élévation en forme de dent épaiffe de l'autre valve, diftingue cette forte d'Huitre d'une maniére très fenfible de celle que l'on connoit fous le nom d'*Huitre épineufe et feuilletée*, dont la charniére eft compofée de plufieurs dents. L'un des morceaux qui compofent ce group eft de couleur jaune en dehors auffi bien qu'aux bords de fa furface interne, l'autre eft violet. Le dedans, de l'un auffi bien que de l'autre, eft d'un rouge de fang foncé, que l'on diroit couvert d'un leger brouillard qui lui donne l'air de cet azur qui couvre les brunes de damas. Du refte le contour de leur cavité n'imite pas mal la forme d'une oreille humaine; et dans les endroits où ils ne fe touchent pas immédiatement, fe fait apercevoir la matiére calcaire qui les a collés enfemble.

D 3

Fig. 2.

30

Fig, 2. MANTEAU JAUNE en Holl. *Geele bonte Mantel*, qui fe diftingue en ce qu'il eft du nombre de ceux qui n'ont qu'une feule oreille, et qui fe rencontrent quelquefois parmi ceux des Indes orientales. Il eft chargé de plus de vingt côtes. Sa couleur eft un jaune citron marbré de taches rouges - brunes.

Fig. 3. Ce rare et beau morceau porte en Hollande le nom de *Zots-kap Patelle*, à caufe de fa forme qui reffemble à celle d'un bonnet de fou, ou à un battant ifolé d'une efpèce de Coeur qui porte ce même nom; c'eft un CABOCHON de la famille des *Lepas* qui s'attachent aux rochers; il fe diftingue par fa tête allongée et recourbée. En dehors il eft fauve - roux, l'intérieur eft pourpre ou couleur de rofe foncée, et c'eft ce qui en réléve principalement la beauté.

Fig. 4. CORNET PONCTUE' DE ROUGE, en Holl. *Vliegenfcheet*, qui ne différe de celui qui fe voit dans la premiere Partie de cet Ouvrage PL VII., que par la couleur des points, qui font noirs dans celui que nous venons de citer.

Fig. 5. Nous avons déjà eû occafion de remarquer, que les TIGRE'ES font une efpèce particuliere de Cornets. Celle qui s'offre dans cette figure reffemble beaucoup à celle que RUMPHIUS décrit, fous le nom *de geplek-te Katje* (*Voluta maculofa*), comme étant marbrée de grandes taches d'un jaune éclatant, et mouchetée de noir ou couleur de plomb, imitant en qnelque façon la bigarrure d'une peau de chat.

Fig. 6. 7. Des VOLUTES BRUNES, en Holl. *Bruine Volutjes.* L'une eft chargée de petites taches blanches circulaires, à peûprès toutes de même grandeur fur un fond fauve - roux tirant fur le brun; l'autre porte des traits onduleux blancs d'une même largeur fur un fond marron foncé. La tête en eft blanche; et elles viennent l'une et l'autre des Indes orientales.

Fig. 8. Comme il a déjà été parlé dans cet Ouvrage de cette forte de Vis, que l'on connoit en Hollande fous le nom de *Trommelfchroeven, Vis à orbes faillans en vive arrête*, il ne nous refte rien à dire à l'occafion de la PETITE VIS BARIOLE'E (*Bont Trommelfchroevje*) qui s'offre ici, fi ce n'eft, que

de

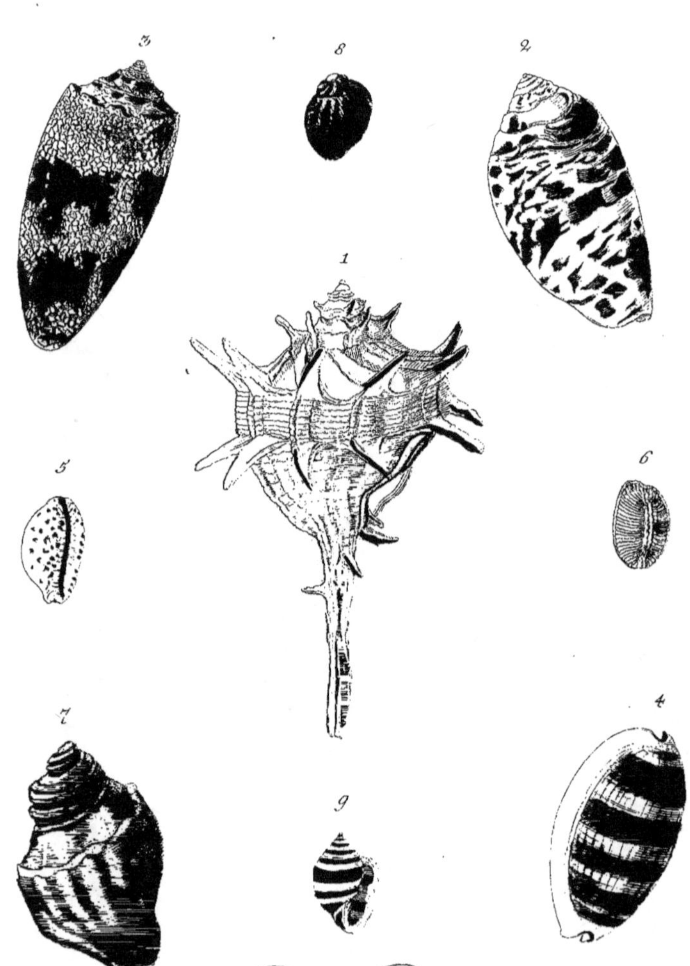

Ex Museo Houttuijniano.

G.P.Trautner sculps.

de cette même Variété l'on rencontre des morceaux plus grands du même dessein et de mêmes couleurs que cet individu.

PLANCHE XVII. ⁂

Fig. 1. Dans la seconde Partie de cet Ouvrage *Pl.* XVIII.* et XXII.* se voïent des *Becasses épineuses bleuës à petites épines.* Ici nous offrons un morceau de couleur jaune, de l'espèce qui porte, à cause de ses longues épines, le nom de BECASSE A' RAMAGE, en Holl. *de getakte Snippekop.* La bouche est d'un jaune vif, et la queuë d'une longueur extraordinaire.

Fig. 2. Cette Coquille est d'une sorte mitoïenne, pour ainsi dire, entre les *Gueules* et les *Canaries;* par sa lévre, qui est considerable, elle s'approche un peu plus de ces derniéres, quoiqu'elle soit rouge en dedans. La belle marbrure de sa robe pourroit la faire rapporter parmi les *Spectres*, si elle ne s'en écartoit pas dans sa forme. Nous l'apellons le CANARIS TACHETE', en Holl. *de gevlakte Canarie.*

Fig. 3. BROCARD DE SOIE BRUN, en Holl. *Bruin Kroonbakje*, qui se distingue de celui qui se voit dans la troisiéme Partie de cet Ouvrage *Pl.* XXI.** par l'éclat de sa couleur brune, et la beauté de ses fascies, qui lui donnent un air superbe.

Fig. 4. Des *Taupes* qui se voïent dans la premiére *Partie Pl.* XXVII. et *Part.* II. *Pl.* XXIV.* et dont la premiére est fasciée de brun, l'autre grise, se distingue par les belles couleurs de sa robe, celle qui s'offre dans cette figure, et qui est fasciée de rouge sur un fond jaune. Cette sorte nous vient des Indes orientales, et s'apelle en Hollande *de rood Molletje*, LA TAUPE ROUGE.

Fig. 5. *Porcelaine* chargée le long du dos de traits onduleux de couleur jaune, qui lui ont fait donner en Hollande le nom de *Ziczac Porceleintje*, PORCELAINE RAÏE'E EN ZICZAGS. Sa bouche est bordée d'un jaune éclatant avec des points noirs.

Fig. 6.

32

Fig. 6. L'on donne le nom de *Pou de Mer* à une efpèce de petite Por.
celaine, qui reffemble non feulement par fa forme à l'Infecte qui porte ce
nom, mais quelquefois même en approche auffi par fa petiteffe. Dans cette figure il s'en offre un, de la groffeur d'un pois, d'une couleur pâle, rougeâtre, chargée au dos de taches brunes; les plus petites font ordinairement d'un gris cendré ou toutes blanches. On les trouve dans toutes les
Mers; et l'efpèce que nous avons fous les yeux, s'apelle en Hollande *de*
geplekte Luis, LE POU TACHETE'.

Fig. 7. d'Après ce qui a déjà été dit dans cet Ouvrage touchant les
caractéres qui diftinguent les *vrais Perrons*, efpèce de *Buccin* que l'on con.
noit en Hollande fous le nom de *Bordes-Trappen* (voy. *Pl.* VII.** *fig.* 2.
Part. III.) d'avec les *faux* (voy. *Pl.* XXIV.* *Part.* II.) dont les premiers font
blancs, les derniers jaunes, il fuffira d'avertir ici, que ce beau morceau qui
s'offre dans cette figure, étant d'un orangé vif, doit être compté parmi
ces derniers. Les Hollandois appellent forte, qui eft plus rare que les
autres, *de geele Bordes Trappen*, LE PERRON ORANGE'. La bouche de cette
Coquille eft d'un blanc de lait.

Fig. 8. *Nerite* à coque papiracée, qui fe fait remarquer tant par fa forme allongée, que par fes couleurs. Elle eft à raïes larges, et comme ré.
ticulée, de pourpre, fur un fond noir. Sa bouche eft blanche dans l'intérieur et fans dents. En Hollande on la nomme *de Paarfch geftreept Nerietje*,
NERITE RAÏE'E DE POURPRE.

Fig. 9. PETIT CASQUE A' BANDES BRUNES, en Holl. *bruin gebandeerd*
Kasketje, qui ne laiffe pas d'être fort joli, quoiqu'il ne foit que de ces Coquilles en mignatures, que les Hollandois defignent du nom de *Speculatje-*
Goed. Ce qui le fait remarquer en particulier, ce font fes lèvres violettes.
Sa robe eft d'une couleur qui imite celle de la corne, et chargée de fafcies
brunes. Plufieurs fortes de Coquilles ne fe trouvent jamais plus grandes,
d'où il vient, que pour ne pas interrompre la fuite, l'on eft obligé d'y admettre auffi de ces petites; celle-ci cependant qui fe yoit dans cette figure, fe trouve quelquefois auffi plus grande.

PLAN-

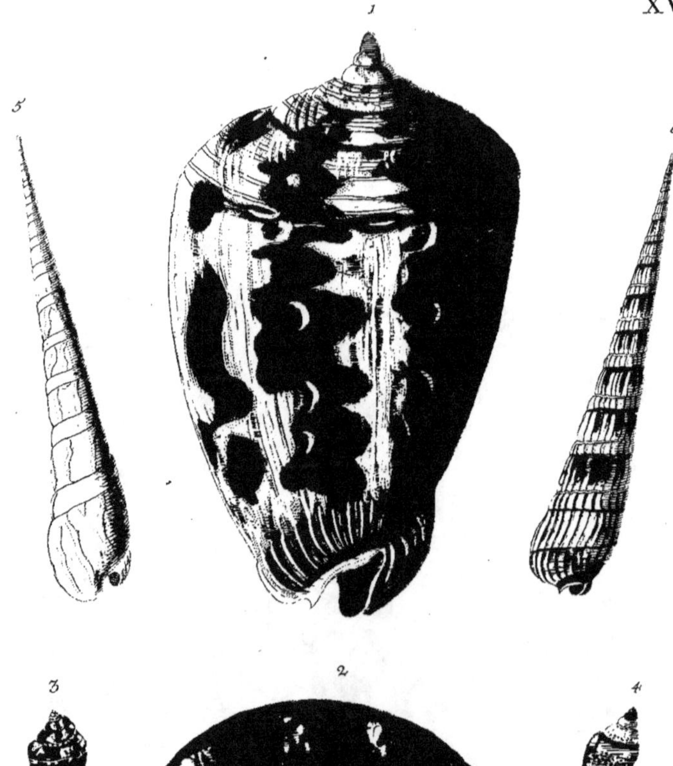

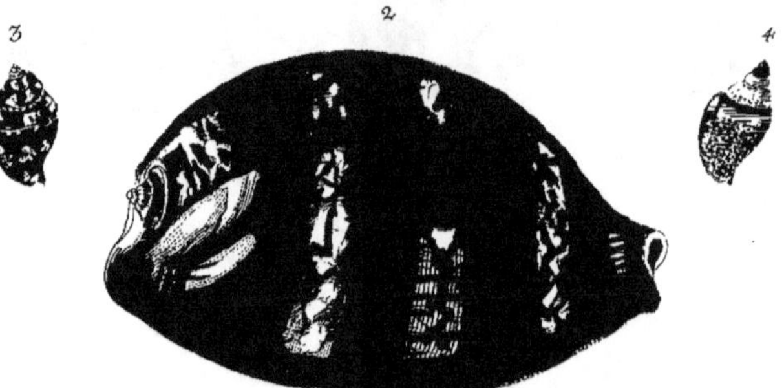

Ex Museo Houttuijniano.

J.A. Eisenmann sculps.

33

P L A N C H E XVIII. ✱✱

Fig. 1. La robe de cette belle Coquille, dout nous offrons ici la copie, imite, fuivant RUMPHIUS, le PAPIER MARBRE', que l'on connoit en
Hollande fous le nom de *Turks Papier*. Cet Auteur remarque entre autres
encore, que dans le temps qu'il avoit fejourné aux Indes, cette forte de
Coquille, à dos noir, marbré de taches marron et blancs en forme de plu-
mes, y avoit été d'une rarété fi prodigieufe, qu'il n'en ait pû avoir qu'un
feul morceau. Celle qui fe voit dans cette figure, eft à fond incarnat, marbré de flames rouges et marron - jaunâtre. Il faut la ranger fous le genre
des *Casques*, parceque l'extremité inférieure en eft repliée et fenduë, quoiqu'elle s'en écarte en ce qu'elle n'a ni lèvre retroufée en bourrelet, ni
tubercules; l'on n'en voit d'ailleurs de copie que chez RUMPHIUS *Tab.* XXIII.
fig. C.

Fig. 2. PORCELAINE qui n'eft pas moins rare, appellée en Hollande
Dunfchaal, PAPIRACEE, parce qu'elle eft d'une Coque extrèmement mince.
Elle fe diftingue en particulier du refte des Porcelaines par fa clavicule
faillante qui forme une pointe effilée. Chés GUALTIERI fe voit un petit morceau de cette efpèce, et celle de *Lit. G. Pl.* 16. lui reffemble auffi en quelque maniere, car il la dit chargée de trois zones et marbrée de brun. Celle que nous avons fous les yeux, eft à fond brun tirant fur le bleu, et chargée de trois fafcies d'un jaune pâle marbré de brun, et de ces mêmes
couleurs font auffi fes deux bouts. La bafe eft d'une marbrure encore
beaucoup plus belle.

Figg. 3. 4. Il a déjà été parlé plus d'une fois des *Volutes cylindriques*
ou *Rouleaux*, qui peuvent être confiderés comme faifant un genre mitoïen
entre celui des *Cornets* et celui des *Ailées*. Et nous en avons donné des
figures dans la quatriéme Partie de cet Ouvrage *Pl.* XII.✱✱✱ et *Pl.* XXI.✱✱✱. A
cette derniére forte fe rapportent auffi celles dont nous offrons ici les
copies. Elles font plus petites; couleur d'orange l'une et l'autre, tachetées et ponctuées de blanc; celle de la *fig.* 3. fe diftingue encore par une
fafcie interrompuë de couleur noire, qui entoure la partie fupérieure de
fes orbes; et *fig.* 4. par fa tête bleuë. En Hollande on leur donne le nom

Sixieme Partie.   E   *d'Oran-*

d'*Oranje Kleurige Voluijes*, PETITS ROULEAUX JAUNES. Elles font de la petite espèce (*Speculatjes*), et recherchées à cause de leur beauté.

Figg. 5. 6. Parmi les *Vis* l'on en voit, dont les revolutions font bordées d'un ruban le long des spires, et qui portent par cette raison le nom
de VIS CORDONNE's, en Holl. *omwonde Pennen*. Il y en a où ce ruban se
trouve plus deprimé que le reste des orbes, et celles-ci s'appellent en
Hollande *Ingekeepte Pennen*, telle est l'AIGUILLE ROUGE de la *Pl.* XXIII P. I.
de même que celle de la *fig.* 5, de la Planche que nous avons sous les yeux,
et qui ne se distingue de celle que nous venons de citer, que par son fond couleur de jaune-d'oeuf et les traits blancs, onduleux, dont elle est marquée dans toute sa longueur. Dans celle au contraire qui se voit dans la
fig. 6. le ruban se trouve appliqué et élevé au deffus des orbes. Du reste
celle de la *fig.* 5. est tout à fait liffe, au lieu que celle de la *fig.* 6. et marquée transverfalement de petits points enfoncés, et ornée de raies longitudinales brunes sur un fond gris cendré. L'une et l'autre de ces Aiguilles est fort effilée, et elles se reffemblent auffi dans leur structure. En ge-
néral les Vis offrent une Variété prodigieuse dans leurs deffeins et leurs
couleurs.

PLANCHE XIX.

Fig. 1. Nous avons déjà eû occafion de donner les copies de quelques
Pourpres rameufés de couleur brune et fasciées de brun, dans la premiere
Partie de cet Ouvrage *Pl.* XXV. et XXVI. et la figure de l'opercule qui
couvre la bouche de cette forte de Coquille se voit dans le même Volume
Pl. XXX. Une autre, qui est bariolée, se voit *Pl.* XI Part. V. Celle
qui s'offre dans la figure que nous avons sous les yeux, est une CHICOREE
COULEUR DE MARRON BARIOLE'E, en Holl. *Bruin bonte Krulhooren*. Elle se
diftingue de toutes celles que nous venons de citer, tant par sa forme, que
par le nombre des rangs de feuilles frifées dont elle a cinq, tandis que les
autres n'ont ordinairement que trois. *Mr. le Chevalier de* LINNE' donne ces
cinq rangs de feuilles frifées pour le caractére de la Pourpre que l'on connoit sous le nom de BRULE'E, en Holl. *Brandaris*, telle qu'est celle qui se
voit

Ex Museo Houttuyniano.

Paul Küffner sculps.

voit *Pl. VII.* Part. II.* de cet Ouvrage; mais il eft à remarquer, que cette
forte différe totalement de celle dont il eft ici queftion, tant par lá forme
de fes feuilles, que toute fa ftructure, outre que la bouche n'en eft point
rougeâtre mais toute blanche.

 Figg. **2, 3.** PETIT BUCCIN PLAT A' BOUCHE DENTÉE, appellé en Hollande *de Tooverhoorentje*, denomination qui tire peût-être fon origine de la
conformation de fa bouche dentée, qui ne reffemble pas mal à la gueule
ouverte d'une bête feroce. Sa robe eft fort joliment tigrée de brun foncé fur un fond de même couleur mais plus clair, et imite en quelque maniére la peau d'une grenouille, ou l'étui d'une efpèce de Scarabé, ce qui
a peût-être fait naitre à *Monfr. de* LINNE' l'idée de lui donner le nom d'*He-
lix Scarabaeus.* Dans la *fig. 3.* fe fait remarquer la bouche, avec fes dents,
qui font fortes et comme fi elles alloient s'engrainer les unes dans fes autres. Le bourrelet qui entoure la bouche en dehors, et qui fe voit dans
la *fig. 2.* reffemble à celui des Limaçons des jardins. Il eft à remarquer
encore, que cette Coquille fe trouve repréfentée ici du côté plat, où elle a plus de deux fois plus de largeur que fi elle eft vuë de flanc. Du refte on lui trouve auffi quelque reffemblance avec le Buccin que l'on connoit
fous le nom d'*Oreille de Midas.*

 Fig. **4.** Ce joli petit Buccin eft probablement la VOLUTA TORNATILIS
de *Mr. de* LINNE', en Hollande il eft appellé *de gedraaid Hoorentje.* Son fût
eft chargé de rides qui fe font apercevoir fur la lévre interne; en dehors
elle paroit commé faite au tour. Sa robe eft chargée de Zones blanches
fur un fond violet-pâle tirant fur l'incarnat. Il fe termine en une pointe
fort aiguë.

 Fig. **5.** La variété qui fe remarque parmi les Vis que les Hollandois
ont contume de defigner du nom de *Trommelfchroeven, Vis de Tambour,* eft
très grande. L'on en voit à orbes bombés et presque tout à fait liffes,
tandis que d'autres fe trouvent chargées de côtes fort faillantes, qui s'appellent auffi pour cela VIS A' VIVES ARRETES. Un morceau de la premiére
forte de couleur blanche fe voit dans la prémiere partie de
cet Ouvrage *Pl.* VIII. et la *Pl.* XIX.** *Part.* III. en offre un de la der-

E 2

niere

niere d'un brun clair, qui eft chargé de deux côtes faillantes. Celui dont nous avons fous les yeux la copie, eft chargé de côtes dont une eft très fail-lante en vive arrête. Il eft d'une couleur fauve, qui approche de celle d'un os, et d'une confervation parfaite. L'on en trouve qui font deux fois plus longs, et d'une épaiffeur proportionnée.

Fig. 6. Cette forte d'*Aiguille* fe trouve auffi en morceaux beaucoup plus grands que n'eft l'individu dont nous offrons ici la copie, mais il eft rare d'en voir avec des couleurs fi vives et fi brillantes, et c'eft ce qui nous à engagé de la communiquer ici aux Curieux, quoiqu'il s'en voïe déjà un morceau à peu près femblable dans la troifieme Partie *Pl.* XXIII.** Les Hollandois lui donnent le nom de *Marlpriem*, AIGUILLE DE RALINGUE, parcequ'elle reffemble en quelque façon à une forte d'Aiguille ou perçoir à tête fort épaiffe, dont fe fervent les Cordiers pour percer les cables. On leur donne auffi le nom d'*Elze* ou ALENE, à caufe de leur reffemblance avec cet inftrument des cordonniers. Du refte cette forme eft auffi celle de toutes les Aiguilles tigrées et d'autres fortes, excepté que celle-ci eft un peu plus épaiffe. Au rapport de RUMPHIUS l'Animal qui habite cette forte de Coquille, eft comme d'une fubftance coriacée et de couleur blan-che. Elle vient des Indes orientales.

PLANCHE XX. ***

Fig. 1. Les *Pinnes marines*, que l'on connoit auffi fous le nom de *Jam-bons*, font un genre de Coquilles qui offre beaucoup de variétés, tant par rapport aux couleurs qu'on leur voit, comme l'on peut s'en convaincre en jettant un coup d'oeil fur celles qui s'offrent dans la feconde Partie de cet Ouvrage, que par rapport à la grandeur à laquelle elles arrivent. L'on en voit qui ont prefqu'une aune, ou au delà de deux pieds, de longueur, tandis que d'autres attrapent à peine celle de deux et quelquefois même d'un pouce. Il eft vrai que l'age auquel parviennent les Animaux qui habitent ces Coquilles, influe un peu fur la grandeur de ces dernieres, mais elle n'y fait pas tout. Une autre différence qui s'y remarque, c'eft que les unes font liffes, les autres écailleufes et chargées de tuiles. Celle que nous avons fous les yeux étant du nombre de ces dernieres, s'appelle en

Hol-

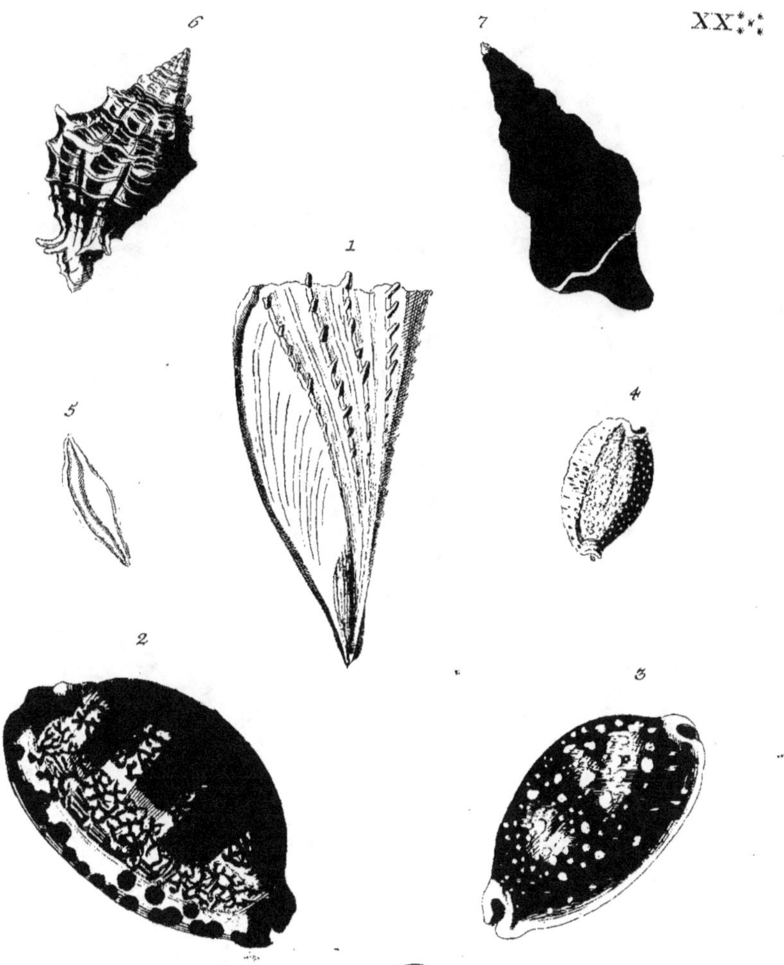

Ex Museo Houttuijniano.

J. A. Eisenmann sculps.

37

Hollande *de Gedoornd Hammetje*, LE JAMBONNEAU E'PINEUX. Sa couleur eſt un blanc jaunatre. La coque en eſt transparente, et toute hériſsée de pointes ou petites tuiles placées le long des côtes dont elle eſt chargée, et qui ſe réuniſſent toutes à l'extrémité inférieure qui finit en une pointe qui tire un peu ſur le violet; l'autre extremité eſt toute droite et comme coupée.

Fig. 2. La copie de la Porcelaine que l'on connoit ſous le nom de L'ECRITURE ARABIQUE, en Holl. *Arabiſche Letters*, que nous avions donnée *Pl.* XII.** *Part.* III. n'aïant pas des mieux réuſſie, nous en offrons ici une autre, tirée d'un morceau d'une beauté ſi ſuperieure, que le pinceau le plus habile ne ſauroit exprimer le brillant de ſes couleurs et l'élégance du deſſein de ſa robe. Sa baſe eſt bordée de violet bleuâtre avec des taches circulaires noires, et l'un des flancs eſt marqué dans toute ſa longueur d'un trait blanchâtre. Du reſte il ſeroit inutile d'obſerver ici que dans le compartiment de ſa robe une imagination échauſée trouve des caractéres arabes.

Fig. 3. L'on rencontre parmi les *Porcelaines* différentes ſortes à robe chargée de taches blanches ſur un fond brun, comme l'on peut voir dans les deux premieres Parties de cet Ouvrage. L'on en connoit une ſous le nom de *la Rougeole blanche*, quelquefois on lui donne auſſi celui d'*Argus*, mais il faut ſe garder de la confondre avec le *grand Argus* qui ſe voit *Part.* III. *Pl.* XI ** Une autre eſt chargée de grains blancs, aſsés élevés pour être ſenſibles au toucher, on l'appelle en Hollande *de Zoutkorreltje*, en France, LA PETITE VEROLE, et c'eſt à cette ſorte que ſe rapporte celle que nous avons ſous les yeux dans cette figure. Elle eſt à dos de couleur jaune tirant ſur le rouge et chargée partout de taches blanches de toute ſorte de grandeur, ce qui la fait remarquer auſſi dans ſon eſpèce. Il y en a de plus petites de couleur griſe.

Fig. 4. Cette eſpèce de *Porcelaine* eſt connuë ſous le nom de KAURIS; RUMPHIUS lui donne celui de *Witt-Oogje*, parcequ'elle eſt toute parſemée de points blancs. Le dos en eſt d'une couleur jaune tirant ſur le verd, et

E 3

le

le bourrelet qui entoure sa base est marqué d'une tache violette. Du reste cette sorte de Porcelaine est toujours plus petite que la précédente.

Fig. 5. Cette Coquille toute petite qu'elle est, ne laisse pas de se faire remarquer par sa rareté. On l'appelle en Hollande *het Jokje of Wevers-Spoeltje*, LA PETITE NAVETTE DE TISSERAND. Sa forme fait d'abord voir qu'il faut la ranger parmi ces rares *Navettes*, dont il se voit un grand et precieux morceau dans la cinquieme Partie de cet Ouvrage *Pl.* I. ⁑ Celui dont nous offrons ici la copie, quelque peu digne d'attention qu'il pourroit peût-être paroitre, n'a pas laissé de monter jusqu'à quatorze florins dans la Vente où on en a fait l'acquisition. Probablement la petitesse de son volume ne vient que de ce que c'est une Navette qui n'a pas atteint sa maturité.

Fig. 6. Les Coquilles que cette Planche nous offre dans les figures que nous avons considérées jusqu'ici, viennent toutes des Indes orientales, les deux au contraire qui nous restent, sont des productions de la Mer des Indes occidentales, du moins est-il certain, que celle de ce N· ressemble, à la couleur près, parfaitement au *Cheval de Frise* de ces Mers qui se voit dans la seconde Partie *Pl.* II.* *fig.* 2. C'est un CHEVAL DE FRISE ORANGE, en Holl. *Oranje Morgenstar*, et nous osons dire, que dans ce genre de Coquilles nous n'avons jamais vû d'aussi beau morceau que celui-ci.

Fig. 7. Cette Coquille doit se ranger incontestablement parmi ces *Fuseaux courts à tubercules*, dont il se voit déjà un morceau couleur d'orange dans la cinquieme Partie de cet Ouvrage *Pl.* X. ⁑ et un autre de couleur marron ci-dessus *Pl.* XV. ⁂ *fig.* 5. quoique celui que nous avons sous les yeux dans cette figure, differe sensiblement dans sa forme, des deux que nous venons de citer. Il se distingue encore par sa couleur, qui est d'un rouge brun, et sa derniere spire est entourée d'une fascie blanche. Si la moitié inferieure des orbes de cette Coquille seroit d'une couleur blanchâtre, on diroit que ce fût le *Murex Syracusanus* de LINNAEUS, qui vient de la Mer Mediterranée et se voit chez BONANNI *fig.* 80. En Hollande on lui donne le nom de *Roode geknobbelde Spil*, FUSEAU ROUGE A TUBERCULES.

PLAN-

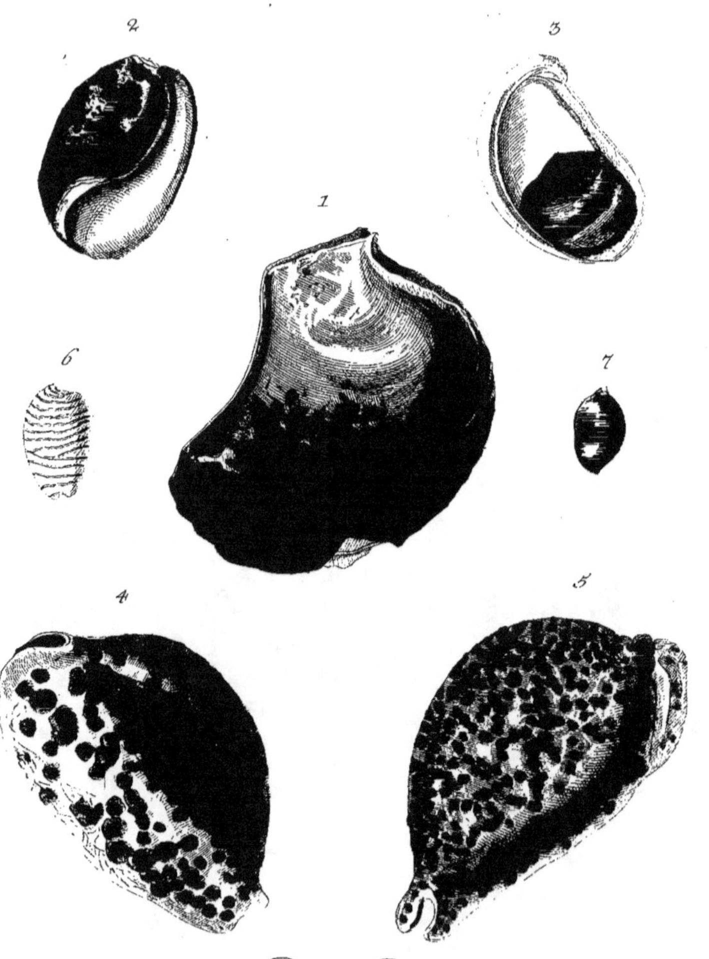

Ex Museo Houttuijniano.

Andr. Hoffer sculps.

39

PLANCHE XXI. ✲✲

Fig. 1. Des Coquilles que l'on connoit sous le nom d'*Oiseaux*, nous avons fait paroître déjà deux Morceaux dans cet Ouvrage; l'un chargé de Crétes de Coq se voit dans la cinquieme Partie; l'autre, qui est un morceau tout à fait superbe, dans cette VIe *Pl. II.* ✲✲ Ici nous leur joignons un troisiéme qui en différe tant dans sa forme que par la structure de sa charniére. Car au lieu que dans les Moules la charniére ne consiste ordinairement qu'en une petite cavité dans l'un des battans qui reçoit l'autre, elle se trouve dans cette Coquille compoſée de plusieurs dents, à peu près comme celle de l'*Equerre* qui se voit *Pl. X.*✲✲✲ *Part. IV.*, ce qui nous la fait considerer comme une variété qui se rapporte à cette même espèce, d'autant plus, que sa robe est d'un violet foncé brun semblable à celui de l'*Equerre*, qui couvre un test blanc et nacré; le nom de *Vlerkdoublet*, l'Aile, qu'on lui donne en Hollande, vient de ce qu'elle ressemble en quelque façon à une Aile d'Oiseau. Cette sorte de Coquille, qui vient des Indes occidentales, est extrèmement rare, et nous ne l'avons trouvée jusqu'ici dans aucun Auteur.

Fig. 2. Que les Coquilles que l'on connoit sous le nom de *Gondoles*, offrent une variété prodigieuse par rapport aux couleurs de leurs robes, c'est de quoi l'on peût s'assûrer par ce que nous en avons dit dans les Parties précédentes de cet Ouvrage, qui en renferment déjà plusieurs; nous nous contentons de citer ici *Pl. VIII.✲ Part. II.* qui en offre une de couleur brune, et *Pl. XVII.* ✲✲ *Part. V.* où il s'en voit une de couleur bleuë; la figure que nous avons sous les yeux, présente une GONDOLE POURPREE, en Holl. *Paarsch Kievits - Ey.* La forme de la bouche qui s'y découvre, justifie le nom de *Gondole* qu'on lui donne en France. Ce qui distingue en particulier ce morceau, c'est, outre les taches violettes dont le fond rouge de sa robe est parsemé, l'épaisseur de sa coque qui est beaucoup plus considérable que dans d'autres, et sa lévre bordée de rouge du côté interne. Dans la suite il paroîtra encore une *Gondole blanche*.

Fig. 3. Parmi les *Lepas* il y en a à Coquille chambrée, que l'on connoit en Hollande sous les noms de *Pantoffeltjes*, *Muiltjes*, en France on leur don-

ne

ne celui de SANDALES. Il s'en voit un de bariolé ci - deſſus *Pl.* XI. *⁑* *fig.* 5. repréſenté du côté convexe; ici il ſe préſente un autre morceau de la mê. me eſpèce du côté concave, pour faire comprendre la raiſon de cette dé. nomination. Une cloiſon blanche, ſous laquelle ſe cache l'animal qui ha. bite cette Coquille, occupe la moitié de ſa baſe allongée avec les bords de laquelle il s'attache aux rochers, à la maniére ordinaire à tous les Lepas. La cavité eſt d'un brun luiſant.

Fig. 4. Les deux PEAUX DE TIGRES, en Holl. *Getygerde Kliphooren*, qui ſe voïent *Pl.* XXVI. *Part.* I. et *Pl.* XIII. *⁂* *Part.* IV. quoique très belles l'une et l'autre, n'approchent pas de celle qui s'offre dans cette figure. Sa robe jaune bleuâtre parſemée de grandes taches circulaires d'un brun noirâtre ne reſſemble pas mal à une peau de Tigre ou de Leopard. Elle eſt de for. me bombée, quoiqu'il y en ait qui le ſont encore d'avantage et en même tems beaucoup plus grandes, auxquelles on donne quélquefois le nom de *Têtes de chats*. Une bande d'un jaune doré qui s'étend tout le long du dos, ne contribuë pas peu à relever la beauté de ce morceau; car c'eſt une choſe qui ne ſe rencontre pas toujours dans cette ſorte de Coquilles. Une choſe qui merite encore d'être remarquée ici, c'eſt que ces Coquilles, à la maniére de toutes les Porcelaines en général, ſortent de la mer avec tout leur éclat, ſans avoir beſoin d'être polies comme presque toutes les autres Coquillages.

Fig. 5. Cette *Porcelaine* qui vient des Indes orientales, de même que celle qui précéde, eſt appellée en Hollande *de groote Slangekop*, LA GRANDE TETE DE SERPENT, dénomination, qui eſt juſtifiée par ſes lévres applatties, ſa couleur de chair bleuâtre, ſa bouche béante aux extremités, et les ta. ches brunes qui ſe confondent quelquefois ſur un fond jaunâtre. A l'un des bouts ſe font apercevoir ſes ſpires qui y forment une tête ſaillante en de. hors. C'eſt une eſpèce peu commune.

Fig. 6. Pluſieurs Curieux ont rangé cette ſorte de Coquille parmi les *Porcelaines;* C'eſt le *Bobi* de *Mr.* ADANSON qui en fait la quatrieme eſpèce de ce genre. L'on en voit qui ſont parſemées de petites taches rouges; d'au.
tres

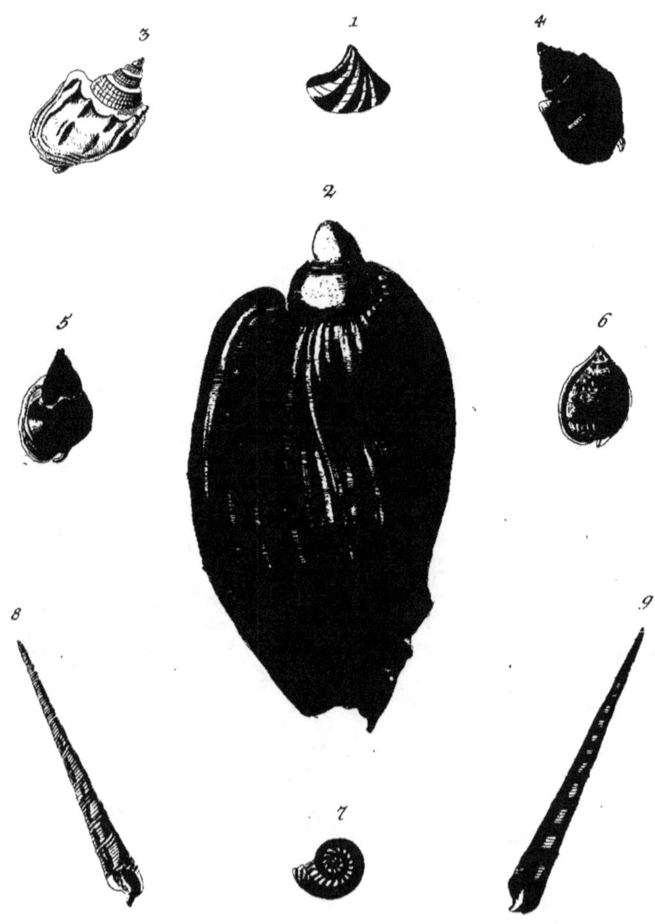

Ex Museo Houttuijniano.

Andr. Heffer sculpsit.

tres font cerclées de fafcies très étroites d'une couleur fauve - rouffe, comme celle que nous avons fous les yeux. Elles font de forme ovoïde; fes fpires forment un fommet obtus et creufé comme un petit nombril, et fa lévre intérieure fe fait remarquer par des rides qui font au nombre de fept. On l'appelle en Hollande *de Perfiaantje*, LA PETITE PERSANNE, parceque PETIVER lui a donné le nom de *Perficula*. *Mr. le Chevalier de* LINNE' la range parmi les *Volutes.*

Fig. 7. Parmi les petites Porcelaines il fe rencontre une forte que RUMPHIUS defigne du nom de *Globulus, Knopje, petit Bouton.* L'on en voit qui font toutes parfemées de petits grains, auxquelles les Curieux donnent pour cet effet le nom de *Boutons grênus*, tel qu'eft celui qui fe voit *Pl.* XVI.*** *Part.* IV. Pour en diftinguer celle que nous avons fous les yeux dans cette figure, on lui donne le nom de *Glad Knopje*, PETIT BOUTON LISSE. Elle eft toute jaune, et marquée au fommet de deux taches en forme d'yeux, ce qui la fait reffembler en quelque façon à un Infecte.

PLANCHE XXII. ⁂

Fig. 1. Cette forte de *Lepas* eft appellée en Hollande *de Chineefche Myter*, LE BONNET CHINOIS, à caufe de fa reffemblance avec une efpèce de bonnet ufité chez les Chinois, et dont la mode paroit leur être venuë des Tartares. D'ARGENVILLE en offre un morceau plus grand, mais fans en indiquer la couleur. BONANNI la dit d'un blanc de lait tant en dedans qu'au dehors, et pretend qu'on la trouve aux Isles Canaries. L'individu dont nous donnons ici la copie, eft orné de ftries recourbées d'un brun clair qui partent du fommet en s'élargiffant vers la bafe. En dedans l'on apperçoit une efpèce de petite cloifon où l'animal qui l'habitoit paroit avoir été attaché.

Fig. 2. C'eft encore une efpèce de GONDOLE MAMMILLAIRE OU TONNE A MAMMELON, en Holl. *Tepelbak;* nous avons donné déjà plufieurs echantillons de cette forte de Coquilles dans les Parties précédentes de cet Ouvrage; *Pl.* IV.* *Part.* II. fe voit une très belle *Tonne à mammelon cou-*

Sixieme Partie.   F   *ronnée*

ronnée et fasciée; et Pl. XXVIII. ☆ *Part.* V. une petite *Gondole à gros mam-melon fort saillant,* de la même espèce que celle que nous avons devant nous et qui vient des Indes occidentales, mais qui paroit n'être pas arrivé au terme de son accroissement. MR. ADANSON nous assure d'avoir trouvé sur les côtes de *Senegal* de ces Gondoles qui avoient jusqu'à 9. ou 10. pou-ces de long sur 7. à 8. pouces de large. L'individu qui s'offre dans cette copie est deux fois plus long que large. L'on y remarque toujours en de-hors de grosses stries longitudinales qui viennent des additions que le Pois-son a fait à sa coquille à mesure qu'il croit. La couleur en est d'un sauve-roux, ou d'un jaune tirant sur l'incarnat; en dedans elle est plus pâle.

Fig. 3. Ce petit *Buccin* porte en Hollande le nom de *Wit Kofferboorentje,* ARCULAIRE BLANC, qui lui vient, au rapport de RUMPHIUS, de ce que les Indiens ont coutume d'en garnir une espèce de petit coffre de paille qu'ils fabriquent. Les plus grands, suivant cet Auteur, n'excedent pas la gran-deur de l'ongle du pouce d'un homme, et leur couleur est un blanc sale ou jaunâtre. Mais aujourdhui l'on en trouve de plus grands, comme l'on peut s'en convaincre par celui qui se voit dans cette figure. Il est ridé en dehors et chargé de tubercules. Sa lévre interieure est applattie, repliée en dehors et chargée de bosses, comme il l'est remarqué aussi dans la de-scription qu'en donne Mr. DE LINNE'. La couleur de nôtre individu tire un peu sur l'incarnat, et le premier pas de ses orbes est bordé d'un petit ru-ban rouge.

Fig. 4. RUMPHIUS rapporte encore une autre sorte D'ARCULAIRE, qu'il appelle ARCULARIA MINOR, à coquille lisse et luisante, d'un gris foncé; Ce-lui dont nous offrons ici la copie, est de la même espèce, mais de couleur marron, cerclé d'un ruban blanchâtre; il s'ecarte aussi un peu de celui de cet Auteur dans sa forme; en Hollande on lui donne le nom de *Bruin Kof-ferboorentje.*

Fig. 5. De ces *Arculaires* se distingue encore celui qui se voit dans cet-te figure; il a le dos chargé d'une bosse, et une bouche à lévre évasée et épaisse d'un blanc sale, qui forme comme une espéce de bourrelet. Il s'appelle en Hollande *de bultig Kofferboorentje,* L'ARCULAIRE BOSSU.

Fig. 6.

Ex Museo Houttuijniano.

43

Fig. 6. *Le Chevalier de* LINNÉ donne à cette Coquille le nom de *Buccinum gibbofulum*, en Hollande elle porte celui de *Bocheltje*, LA PETITE BOSSE. Cette forte de Buccin ne devient guères plus grande qu'une noifette, et fa robe eft d'un jaune qui tire fur le brun avec un bord couleur de fafran. Ses lévres font blanches et de la même forme que celles des Arculaires, et toute la Coquille eft plus bombée.

Fig. 7. Il nous vient des Indes orientales une quantité prodigieufe de petits *Limaçons* luifans, la plûpart d'un brun olivâtre; de ce nombre eft celle que nous avons devant nous dans cette figure; mais elle fe diftingue d'une maniére avantageufe du commun de ces Coquilles, par un large ruban d'un beau rouge qui fuit les pas de fes orbes, dont le refte eft blanc et marqué de ftries qui forment comme un treillis. Sa bafe eft umbiliquée et chargée d'une boffe, qui pourroit lui faire donner le nom de *Bult-Slakje*, LA PETITE BOSSUE, mais on fe contente de l'appeller fimplement *de rood Slakhoorentje*, LE PETIT LIMAÇON ROUGE.

Figg. 8. 9. On a coutume de defigner les *Vis* qui font d'une forme trés effilée, comme celles qui fe voïent dans ces figures, du nom d'AIGUILLES, en Holl. *Naalde-pennetjes.* L'une de ces deux eft bariolée de jaune fur un fond blanc; l'autre en différe peu pour le deffein de fa robe, mais elle eft d'un jaune plus foncé et tirant fur le brun.

PLANCHE XXIII. ✷✷✷

Fig. 1. Les Coquilles que l'on connoit fous le nom de *Mufiques*, différent en plufieurs maniéres tant par rapport à leur forme que dans leurs couleurs. Cet Ouvrage en contient déjà plufieurs échantillons. L'on en voit de celles de la forme la plus ordinaire dans les deux premiéres Parties; une autre, d'une forme plus allongée et plus etroite, fe voit *Pl.* XII** *Part.* III. Mais de toutes les variétés qui s'en rencontrent, la plus rare eft fans contredit celle qui eft chargée de Zónes brunes, telle qu'eft celle qui s'offre dans la figure que nous avons fous les yeux; on lui donne en Hollande le nom de *Bruingebandeerde Mufick-Hooren*, MUSIQUE FASCIÉE DE BRUN, on la connoit auffi fous le nom DE BOIS VEINÉ. Sa robe eft veinée de traits

bruns

bruns fur un fond dont la couleur approche un peu de celle de la fleur de pommier. Une grande et large Zone marron tirant fur le jaune ne contribuë pas peu à relever la beauté de ce rare morceau.

Fig. 2. Cette Coquille, qui reffemble par fa forme et les groffes côtes dont elle eft chargée, à la *Tonne* qui fe voit *Pl.* VIII.** *fig.* 4. *Part.* III. fe diftingue par fa bouche dentelée et fa groffe lêvre; et c'eft ce qui a fait donner à cette efpèce de Tonne le nom de GROSSE - LE VRE, OU TONNE A' LEVRE EPAISSE, en Holl. *Diklip Belhooren.* Les dents qui en garniffent la lêvre du côté interne, font d'une groffeur confidérable, et repondent aux côtes. Sa robe eft à fond fauve cendré avec des taches jaunes. Elle vient des Indes orientales.

Fig. 3. Dans cette figure s'offre une Coquille, qui, à en confiderer la ftruêture et la forme de fa bouche, paroit être, pour ainfi dire, d'un genre mitoïen entre les *Pourpres* et les *Buccins.* Nous l'appellons LA POMME GRENADE IAUNE, en Holl. *de Geele Granaat - Appel*, pour la diftinguer d'une efpéce de *Pourpre à feuillage*, à laquelle on a donné nouvellement le nom de *Pomme Grenade*, et dont on peut voir un morceau *Pl.* XXX.*** *fig.* 2. *Pl.* IV. Deftituée de feuillage elle eft chargée fur tous fes orbes jusqu'au fommet de groffes côtes, garnies de boffes d'une forme gracieufe. Sa bouche eft demi - ronde, et fans dents.

Fig. 4. *Olive* d'une grande beauté, à robe jaune ponctuée de bleu; RUMPHIUS luï donne le nom de *Blaauwdroppen*, OLIVE A' GOUTTES BLEUES. Elle eft du nombre de ces petites Olives des Indes orientales qui offrent une grande variété dans leurs couleurs.

Fig. ſ. PETITE OLIVE MARBRE'E, de l'efpéce que l'on connoit en Hollande fous le nom de *Speldewerks - Dadels.* Sa robe chargée de petites taches et traits bruns en Zig - Zag fur un fond jaune, a l'air d'une dentelle que la brodeufe attache fur un papier coloré, pour en faire mieux paroitre le deffein pendant qu'elle y travaille; et voila la raifon pourquoi les Hollandois attachent le nom de *Speldewerks* non feulement à cette forte d'*Olive*

mais

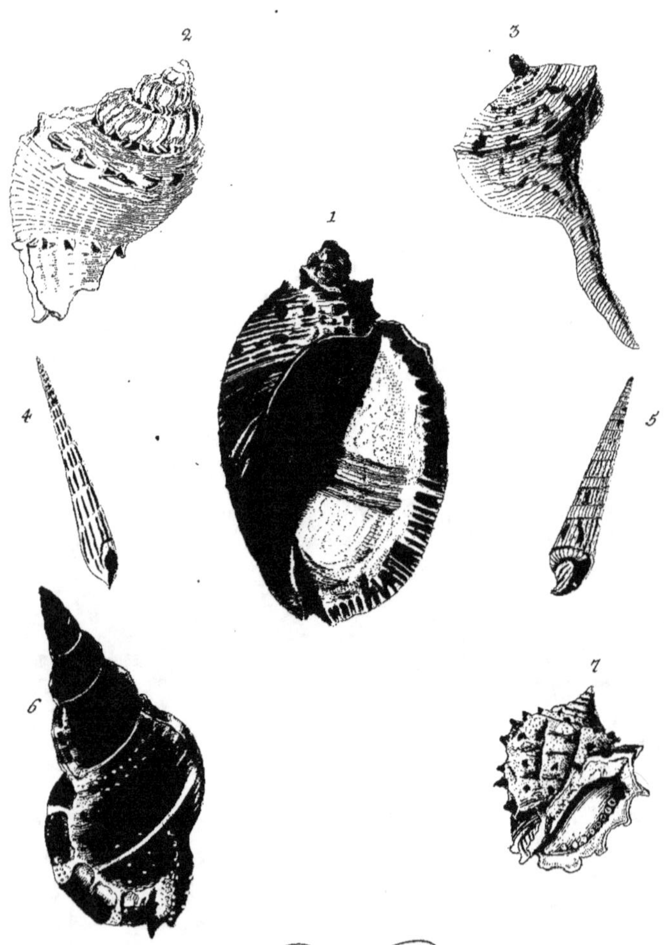

Ex Museo Houttuijniano.

G. P. Trautner sculps.

mais aussi à d'autres Coquilles dont la robe imite en quelque façon un Ouvrage à dentelles.

Figg. 6. 7. Les *Porcelaines* dont la robe est parsemée de taches circulaires, telles que sont celles qui se voïent dans ces figures, s'appellent en Hollande du nom de *Mazelen*, ROUGEOLES. Celle de la *fig.* 6. à taches brunes est fort commune; l'autre au contraire, à taches rouges, est plus rare. La premiere de ces deux sortes s'appelle simplement *Mazelen*, LA ROUGEOLE, tandis que l'autre se distingue par l'épithéte de ROUGE, *roode Mazelen*. Pour la grandeur, elles sont peu considerables l'uné et l'autre.

Figg. 8. 9. L'on nous apporte des Indes occidentales une espèce de petite *Nerite*, qui se rencontre aussi sur les côtes de la Hollande, où elle est connuë sous le nom d'*Erweten*, POIS DE MER, qu'on lui donne à cause de sa forme. Les figures que nous avons sous les yeux, en offrent deux échantillons de couleur jaune, en Holl. *Geele Westindische Erweten;* elles sont la plûpart de cette couleur, surtout d'un jaune citron, tel qu'est celui du *N.* 8. quelquefois l'on en voit aussi d'un jaune vif foncé tirant sur le brun, ou orangé comme *fig.* 9. qui presente la bouche, tandis que l'autre *fig.* 8. fait voir la partie de dessus avec ses spires applaties.

PLANCHE XXIV. ⁂

Fig. 1. La CONQUE PERSIQUE, que l'on connoît en Hollande sous le nom de *Rodolphe*, est souvent appellée de celui de *Wydmond*, *Grande Gueule*, ou *Gueule ouverte;* mais c'est peut être faute d'avoir vû de veritables *Gueules ouvertes* que des Curieux designent de ce nom la premiére de ces deux sortes de Coquilles. Celle qui s'offre dans cette figure merite ce nom dans toute son étenduë, et pour s'en convaincre on n'a qu'à la comparer avec les *Conques persiques* de la *Pl.* II.** *fig.* 5. *Part.* III. et *Pl.* XXX.*** *fig.* 1. *Part.* IV. et remarquer combien elle en différe tant en dehors qu'en dedans. Les veritables *Gueules ouverte* sont d'une couleur brune ou noirâtre, en dehors, ridées et chargées de tubercules; et ce n'est que par leur tête ou sommet qu'el-

F 3

les

les approchent le plus des *Conques perfiques.* Dans l'individû que nous avons fous les yeux, la largeur de la bouche égale celle de la Coquille même, et des bords tranchans la terminent des deux côtés, celui qui enveloppe le fût, eft d'un rouge brun, l'autre, qui lui eft oppofé, eft comme doublé d'une lifiére formée par des raïes transverfales noires; le dedans eft d'un incarnat qui tire fur le bleu. Cette forte de Coquille vient des Indes occidentales. La plûpart des Curieux la rangent parmi les *Rochers.* MR. DE LINNÉ au contraire la met parmi les *Buccins,* fous le nom de *Buccinum patulum.* L'on en voit des morceaux plus grands que n'eft celui dont nous avons fait tirer cette copie.

Fig. 2. Il y a, comme nous avons déjà eû occafion de remarquer, une efpèce de Coquille, que l'on connoit fous le nom de *la Mufcade:* l'on en voit de couleur brune auxquelles ce nom convient d'une maniere particuliére, (*voy.* *Pl.* VII.** *Part.* III. et *Pl.* IV. ** *Part.* V.) et des blanches, comme nous ferons voir dans la fuite; celle qui s'offre dans cette figure, tire fur le jaune, et eft en même tems très rare, au rapport de MR. D'ARGENVILLE, à caufe des points faillantes et pliées dont elle eft garnie. Sa clavicule eft percée et comme pliffée; et la tête raboteufe. *voy.* D'ARGENVILLE *Pl.* 15. 18. *Lit.* F. C. Elle porte en Hollande le nom de *Getakte geele Noote - Muskaat,* LA MUSCADE ÉPINEUSE IAUNE.

Fig. 3. Nous avons vû ci - deffus, qu'il y a une efpèce de Coquille qui porte le nom de *Rave,* à caufe de fa forme ronde et bombée, *voy.* *Pl.* XIX. *fig.* 5. *Part.* I. Ce rare morceau qui fe voit dans la figure que nous avons fous les yeux, et qui s'apelle en Hollande du nom de *Langgeftaart Knolletje,* en France LA MASSUE À LONGUE QUEUE, eft de la même forme, et n'en diffère qu'en ce qu'il eft plus petit, garni d'une queuë d'une longueur extraordinaire, et que fa robe n'eft pas jaune, mais marbrée de taches et de points d'un brun jaunâtre fur un fond incarnat. Le bord exterieur de fa bouche eft tranchant, et la tête fe termine en une pointe émouffée, de forte qu'en cela elle s'ecarte confidérablement des *Raves* ordinaires. Le dedans de la bouche eft blanchâtre.

Figg. 4.

Figg. 4. 5. L'on donne ordinairement, comme il a déjà été remarqué ci-deffûs, le nom d'AIGUILLES, en Holl. *Naaldenpennetjes*, aux Vis d'une forme très effilée, telles que font les deux qui s'offrent dans ces figures. La premiére eft marquée de ftries longitudinales rouges fur un fond blanc. L'autre eft chargée de ftries faillantes, ou côtes deliées, longitudinales, et reffemble à une *Aiguille fafciée ou cordonnée*, telle qu'eft celle qui fe voit dans la *Pl.* XVIII. ⁎⁎⁎ de ce Volume.

Fig. 6. Cette Coquille, qui fait un morceau fuperbe, porte en Hollande le nom de *Platte Oliekoek*, GATEAU A' L'HUILE APPLATI. VALENTYN lui donne celui d'une *efpèce étrangére dè Buccin*. et quoique l'on ne fauroit disconvenir qu'elle n'approche beaucoup de ce genre de Coquille, nous lui trouvons cependant plus de reffemblance avec les *Gateaux à l'huile*, dont il fe voit un échantillon dans la feconde Partie de cet Ouvrage *Pl.* XXVIII.⁎ *fig.* 1. Si on vouloit lui donner des noms empruntés de quelque autre forte de Coquille avec laquelle elle a quelque reffemblance, on pourroit lui appliquer celui de CRAPAUD A' ORBES ALLONGE'S. Les petits tubercules dont elle eft parfemée en dehors fur un fond jaune tirant fur le brun, lui donnent un air fort gracieux, et lorsqu'on en tourne la bouche contre le jour, la transparance de la Coquille donnant paffage à la lumiére dans les parties interceptées entre ces tubercules, on diroit y voir un ouvrage à réfeau. Deux côtes faillantes, dont l'une entoure en forme de bourrelet la bouche garnie également de gros tubercules, parcourent longitudinalement fes orbes, qui font au nombre de fept et d'une forme afsès allongée.

Fig. 7. La plûpart des Curieux rangent cette bèlle Coquille parmi les *Mûres*; mais nous croïons que le nom de FRAISE, en Holl. *Braamboos*, lui convient mieux, vû qu'elle différe beaucoup, tant de la *Mûre noire et commune*, qui fe voit *Pl.* XXV. *fig.* 5 *Part.* I. que de la blanche et jaune dont on voit des échantillons dans la quatrieme Partie de cet Ouvrage. Elle eft herifsée au dehors de pointes faillantes, fa robe eft d'un jaune clair et blanchâtre, et fes lévres d'une belle couleur de rofe.

PLAN-

PLANCHE XXV. ⁂

Fig. 1. La Coquille qui s'offre dans cette figure, quoiqu'afsès connuë, ne laiffe pas d'être comptée parmi les piéces qui font honneur à un Cabinet par leur rareté. Elle s'appelle L'OREILLE DE MIDAS, en Holl. *Midas-Oor*, à caufe de fa forme qui n'imite pas mal celle d'une Oreille d'Ane, et cette reffemblance fe découvre principalement lorsqu'on la regarde fous le point de vuë, fous lequel elle fe préfente dans cette copie, qui en fait voir la bouche avec fes lêvres couleur de chair. Son fût eft replié, et c'eft à caufe de cela que MR. DE LINNE´ la range parmi les *Volutes*. Elle eft d'une forme allongée et telle eft auffi fa bouche. Sa robe eft ftriée longitudinalement, et fur fes derniers orbes elle porte quelques petits tubercules. Sa couleur eft un marron luifant, excepté vers la pointe, où elle eft ordinairement un peu ufée et blanchâtre. L'on en voit auffi de blanches et de jaunes. Elles fe trouvent dans les Indes orientales, aux bords de certains fleuves marecageux: et les unes ont la bouche placée de droite à gauche, tandis que les autres l'ont de gauche à droite.

Fig. 2. Quoique le nombre de *Vis de tambour* qui fe voïent déjà dans cet Ouvrage, ne foit pas peu confiderable, nous ne faurions nous difpenfer de leur joindre encore quelques unes, pour en faire remarquer les variétés différentes. L'on en voit *à orbes faillans en vive-arrête*, tandis que d'autres les ont d'une forme arrondie, telle qu'eft celle qui s'offre dans cette figure. Elle eft tachetée de brun fur un fond gris cendré, et fa belle marbrure lui a fait donner le nom d'*Agaate Trommelfchroef*, VIS D'AGATE, VIS DE TAMBOUR BARIOLE´E.

Fig. 3. C'eft auffi une VIS DE TAMBOUR BRUNE A´ ORBES ARRONDIS, en Holl. *Bruine ronde Trommelfchroef*. Elle eft afsés liffe en dehors, et fa bouche eft d'une forme circulaire, comme dans les autres. Sa robe eft, vers le bout le plus large, d'un marron luifant, qui devient toujours plus clair vers l'autre bout. Elle vient des Indes occidentales de même que celle qui précéde.

Fig. 4.

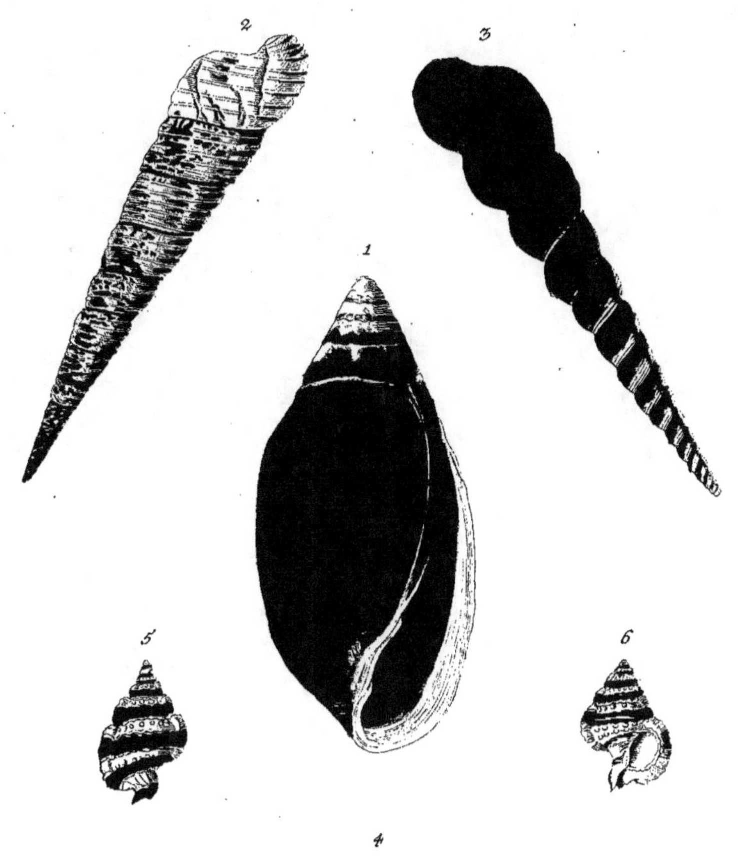

Ex Museo Hoúttúÿniano.

Andr. Hoffer sculps.

Ex Museo Houttuijniano.

Andr. Hoffer sculps.

Fig. 4. Cette Coquille porte le nom fingulier D'ENFANT AU MAILLOT, en Holl. *Gebakerd Kindje*, qui ne lui convient pas mal, de même que celui de *Byekorfjes*, RUCHES D'ABEILLES, ou celui de *Kinderwiegjes*, BERCEAU. Elle paroit être fluviatile; fa bouche eft garnie d'une dent. La couleur de fa robe eft un gris jaunâtre, et fa longueur n'eft pas au delà d'un pouce.

Figg. 5. 6. Il y a des Coquilles que l'on defigne des noms de *Crapauds* et de *Grenouilles*; elles reffemblent beaucoup à celles qui s'offrent dans ces figures, auxquelles, à caufe de leur delicateffe, nous ne faurions trouver de nom plus propre, que celui de GRENOUILLETS, en Holl. *Voorfchenpoppen*. *Fig* 5. en fait voir le deffûs. *Fig.* 6. tirée d'après un autre individû, le deffous. Leur robe imite une peau de Crapaud en ce qu'elle eft mouchetée d'un grand nombre de taches. L'une eft fafciée de marron, l'autre d'aurore.

PLANCHE XXVI.

Fig. 1. Il eft une efpèce de Coquille à laquelle la couleur brune - noirâtre de fa robe a fait donner le nom de *la Moresque*. Celle qui s'offre dans cette figure lui reffemblant à la couleur près, qui eft un fauve - roux, on a jugé que le nom de l'INDIEN, en Holl. *de Indiaen*, ne lui conviendroit pas mal. D'ARGENVILLE, qui en donne une fort bonne copie *Pl.* 9. (12.) *Lit. A.* la defigne fimplement du nom de BUCCIN DE COULEUR FAUVE, RAÏE SUR TOUTE SA SUPERFICIE; et obferve, que les fept étages de fa clavicule, qui font aplatis, le rendent extrêmement rare. Cette Coquille vient des Indes orientales.

Fig. 2. Il fe voit dans la feconde Partie de cet Ouvrage *Pl.* VII.* une Coquille que les Curieux appellent quelquefois du nom de POIRE SECHE, en Hollande elle porte celui de *Leeuwhoofs*, TETE DE LION; mais ce n'eft pas la veritable POIRE SECHE, *gebraaden Peer de* RUMPHIUS, celle - ci s'offre dans la figure que nous avons fous les yeux. D'ARGENVILLE la decrit dans les termes fuivans: „Celui qui eft marqué *B. Pl.* 13. eft un des plus beaux Buc„cins qu'il y ait, tout eft irregulier dans fa figure, des boffages, des tu-

Sixieme Partie.   G   ber-

„ bercules, des pointes forment une tête en pyramide, fa bouche des
„ plus évafées, eft bordée d'un côté, d'un double rang de dents noires
„ et blanches, fur un fond fauve; fa queuë eft courte et recourbée. Ces
boffages, ces tubercules, ces dents qui bordent la bouche &c. fe diftinguent auffi très bien dans la copie que nous en donnons ici, excepté feulement que dans l'individu dont elle a été tirée, ces dents font brunes et blanches. L'on y remarque auffi des bourrelets en forme de côtes longitudina-
es, femblables à celui qui borde la bouche, et qui paroiffent également
avoir bordé autrefois la bouche de cette Coquille après les différentes additions que l'animal y a fait en étendant fa demeure. Toute fa robe eft
d'une couleur jaunâtre; et dans fa forme elle a beaucoup de reffemblance
avec une efpèce de Buccin que l'on connoit en Hollande fous le nom de
Voethooren, *Buccin pediforme*, de laquelle cependant elle différe encore confiderablement.

Fig. 3. Il a été obfervé dans la defcription des Coquilles de la *Pl.* XV. **
Part. V. que parmi les *Aiguilles* il y en a auxquelles on donne en Hollande le
nom de *Snuytpennen*, à caufe de leur lévres repliées et faillantes en dehors
en forme de bec. De ce nombre font auffi les *fauffes Thiare*, que l'on connoit en France fous le nom de *Chenilles*, et parmi celles-ci peût fe rapporter la FAUSSE CHENILLE GRANULEUSE, en Holl. *gegranuleerde Snuytpen*, qui
fe prefente dans cette figure. Dans fa couleur, qui eft un blanc grifâtre,
elle n'offre rien de particulier, mais fa ftructure eft fort jolie; un ruban
chargé de grands tubercules, accompagné d'un triple rang de cordelettes
granuleufes, borde les revolutions de fes fpires et les fuit jusqu'au bout.
Cette forte de fauffe Chenille eft d'une largeur afsés confidérable qui égale
du côté de la bouche à peu-près le tiers de toute la longueur de la Coquille. Elle nous vient des Indes occidentales.

Fig. 4. Les François ont coutume de donner le nom d'*Eperon* à toutes les Coquilles qui ont quelque reffemblance avec un éperon. Mais combien ces Coquilles différent les unes des autres, c'eft de quoi l'on peût
s'affu-

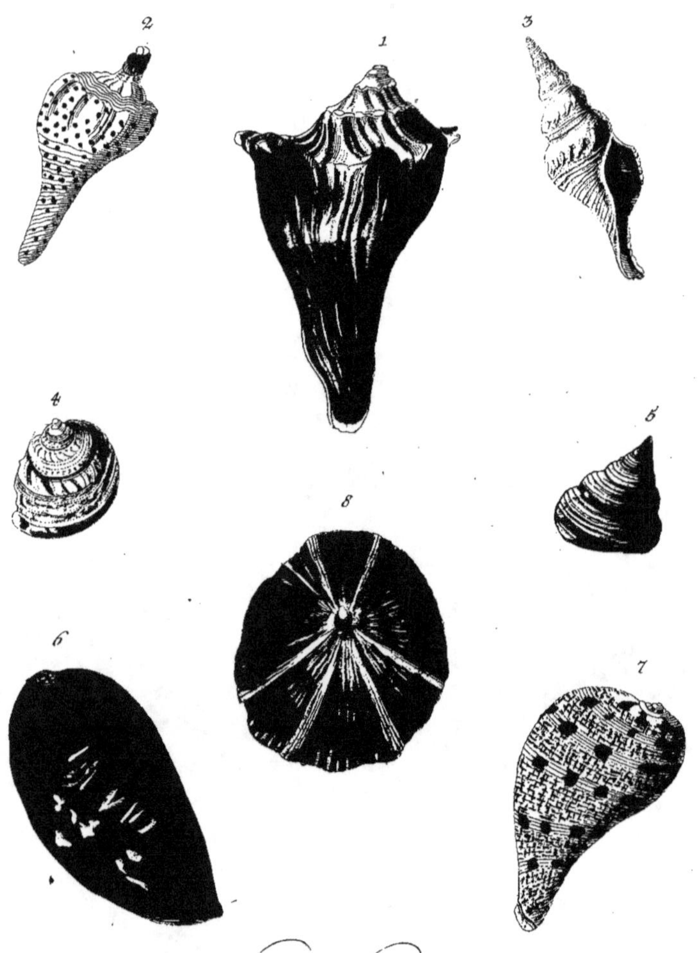
Ex Museo Houttuijniano.

s'affurer en jettant un coup d'oeil fur les échantillons que nous en avons donnés dans les *Pl. IV.**** et *VI.**** de la quatriéme Partie de cet Ouvrage, et fur celui qui s'offre dans cette figure. C'eft un morceau fuperbe de deux pouces de diamêtre de l'efpèce que l'on connoit en Hollande fous le nom de *Zonne - Hooren*, en France il porte celui de GRAND EPERON. Le premier de fes orbes eft garni dans fon contour de grandes pointes, les fuivans toujours de plus petites, et les interftices qu'elles laiffent entr'elles reluiffent d'un jaune doré. Ce font ces piquans, confidérés comme autant de raïons, qui l'ont fait appeller LE SOLEIL, car c'eft ce que veût dire le nom qu'on lui donne en Hollande. La bouche eft applatie et de la forme ordinaire à celle des Sabots. Sa bafe eft platte, et les Spires s'élévent jufqu'à lui donner une hauteur égale à la moitié de la largeur de la bafe. Cette Coquille eft comptée parmi les rares.

Fig. 5. La Coquille qui vient s'offrir dans cette figure n'eft ni moins belle ni moins rare que celle qui précéde. On peut la ranger, comme l'on veût, ou parmi les *Aiguilles*, ou parmi les *Fufeaux;* fuivant Nous, elle doit être mife parmi les *Fufeaux racourcis et émouffés*, dont nous avons déjà fait voir plufieurs échantillons dans cet Ouvrage. Celui auquel ce morceau approche le plus c'eft le *Fufeau orangé à fafcies* qui fe voit *Pl. X.* ** *Part. V.* *fig.* 4. quoiqu'il en différe encore confidérablement. On lui a donné en Hollande le nom d'*Oranje - Vlag - Spilletje*, PETIT FUSEAU IMITANT LE PAVILLON D'ORANGE. Il a une queuë courte, les orbes chargés de petites côtes transverfales, et ornés de cordelettes d'un brun luifant fur un fond orangé. Ce morceau vient probablement des Indes orientales.

PLANCHE XXVII. ***

Fig. 1. Des Coquilles que l'on connoit fous le nom de *Figues* il a été communiqué un très beau morceau dans la premiére Partie de cet Ouvrage. Ici nous en offrons un autre très fingulier dans fon deffein et fa ftructure. Sa forme reffemble affés à celle des *Figues*, excepté que fes orbes font couronnés de tubercules faillans en forme de piquans qui diminuent

G 2

tou-

toujours en groffeur à mefure qu'elles approchent du fommet. C'eft ce qui lui à fait donner le nom de *Getakte Vyg*, LA FIGUE E'PINEUSE. A caufe de ces piquans et de ces tubercules cette Coquille eft rapportée auffi à la Famille des *Murex* ou *Rochers*. Dans fa ftruĉture elle différe des Figues en ce que fes parties ont d'autres rapports les unes aux autres, d'où il refulte une forme plus conique que n'eft celle des *Tonnes* parmi les quelles fe rapportent les *Figues*. L'individu qui s'offre dans cette copie, eft orné de jolies raies longitudinales brunes fur un fond jaune blanchâtre, croifées par une fafcie blanche; et ce brun des raies laiffe entrevoir par-ci par-là un mêlange de bleu ou couleur de plomb. Mais toutes ces couleurs font un effet beaucoup plus fort et plus agréable dans ces grandes Figües épineufes qui portent jufqu'au delà d'un demi pied de long, et dont on voit qui font jaunes ou orangées en dedans, des morceaux fuperbes qui font honneur à un Cabinet.

Fig. 2. Cette Coquille n'eft pas moins rare que la précédente, et porte à caufe de fa forme en Hollande le nom de *Geftippelde Peer*, LA POIRE MOUCHETE'E. Que c'eft à jufte titre qu'on la rapporte parmi les *Poires*, dont on voit des tuberculeufes, des épineufes, des feches, des rôties, c'eft de quoi il n'y a pas à douter. Elle eft parfemée de points ou petites mouches d'un fauve-roux luifant fur un fond blanc, et le fommet eft contourné en forme de vermiffeau de mer de couleur brune, fingularité qui fe remarquera dans fort peu de Coquilles, et le premier de fes orbes eft couronné de gros tubercules.

Fig. 3. PETIT FUSEAU que l'on diroit fait au tour, et que les Hollandois appellent pour cela du nom de *Gedraaid Spilletje*. Le haut de fes orbes eft joliment garni de tubercules, et des côtes faillantes qui en fuivent les circonvolutions, ne fervent pas peu à en reléver la beauté, quoique fa couleur n'offre rien de particulier, n'étant qu'un jaune pâle tout uni, à l'éxception des parties les plus élevées, où il tire d'avantage fur le blanc. L'intérieur de la bouche eft d'un jaune brun.

Fig. 4.

53

Fig. 4. Ce qui diſtingue les Limaçons que l'on connoit en Hollande ſous le nom de *Sooldaten*, en France ſous celui de *Veuves*, de ceux que l'on deſigne communement du nom de *Turban Turc*, c'eſt, comme l'on ſait, que les premiers ſont umbiliqués. Or ſi la Coquille qui s'offre dans cette figure n'étoit pas umbiliquée, nous n'héſiterions point de lui donner le nom de TURBAN TURC A' TUBERCULES mais comme elle l'eſt, et qu'elle eſt ba-riolée d'un rouge pàle, on préfére celui de *Roodagtig Soldatje*, LA PETITE VEUVE ROUGEATRE. Il y a des Curieux qui rangent les *Veuves* parmi les *Sabots*, tandis que d'autres les mettent parmi les *Limaçons à bouche ronde*. Quelquefois on leur donne auſſi le nom de *Tigre*, et celui de *Pie*, lorsqu'el-les ſont noires.

Fig. 5. Les *Culs de Lampes*, ou *Toupies*, ainſi appellées à cauſe de leur reſſemblance avec cet inſtrument uſité dans un certain jeu des enfans, ſont une eſpèce particuliere de *Sabots*. De ce nombre eſt la Coquille qui ſe voit dans cette figure, à laquelle le cordon bariolé qui en borde les Spi-res a fait donner le nom de *gerand Tolletje*, LA PETITE TOUPIE CORDONNE'E; ſa couleur eſt un gris tirant ſur le rouge. Elle ſe diſtingue à pluſieurs égards des Toupies d'un bleû céleſte qui ſe voïent dans les Parties précé-dentes de cet Ouvrage.

Fig. 6. C'eſt une eſpèce particuliére de TONNE MARBRE'E, en Holl. *Gevlamd Bakje*, que certains Curieux regardent comme une *Porcelaine* qui n'eſt pas parvenuë à ſa maturité. Si cela étoit, il auroit ſalû que dans ſes accroiſſemens elle paſſât encore par bien des changemens. Sa robe eſt fort joliment nuée et marbrée de flames brunes jaunâtres ſur un fond blanc. Le dedans de ſa bouche eſt violet, ſon fût contourné, et ſes orbes ſe ter-minent en une petite pointe ſaillante.

Fig. 7. La plus belle des differentes ſortes de *Figues* c'eſt la FIGUE A' FASCIES, en Holl. *gebandeerde Vyg*. Nous en mettons une ſous les yeux des Curieux dans cette figure, qui eſt d'une beauté qui l'emporte de beaucoup ſur celle de la Figue blanche, de la jaune, et même de celle à taches rou-

ges

ges de la *Pl.* **XIX.** *Part.* **I.** Elle eft fafciée de cinq Zones blanches bariolées de taches brunes, et les interftices interceptés entre ces Zones font
ornés de ftries transverfales formées par de petites lignes brunes fur un
fond jaune. Sa forme et fa ftructure eft celle qui eft ordinaire à toutes
les Figues. Elle eft d'une coque très mince, et violette en dedans.

Fig. 8. Cette forte de LEPAS VERDATRE, en Holl. *Groenagtige Patelle*,
fe trouve fur différentes côtes de l'Europe, principalement fur celles de
France, d'où il vient auffi qu'il eft appellé quelquefois LE LEPAS FRANÇOIS.
Sa couleur, qui eft un verd chatoyant et plombé, le diftingue de presque
toute autre forte de Lepas. Dans fon intérieur domine le bleû, et le fommet tire fur le jaune. Les côtes qui partent du fommet en forme de
raïons, donnent au contour de la bafe à laquelle ils aboutiffent, une forme
angulaire. Cette Coquille eft afsés frequente auffi fur les Côtes d'Angleterre, où les Pêcheurs fe fervent de l'Animal qui l'habite en place d'amorce.

PLANCHE XXVIII. *⁎*⁎

Fig. 1. La variété qui fe remarque parmi les *Lepas* par raport à leur forme, eft prodigieufe. L'on peût s'en convaincre par les copies que nous en
avons déjà fournies dans cet Ouvrage. Sans rien dire des différences qui
refultent de ce que les unes font *à côtes* les autres *unies*, nous nous conten-
terons de remarquer ici, qu'il y en a *d'une forme applatie* tandis que d'autres
font *élevés et bombés.* Les applatis font la plûpart auffi de forme ronde,
defignés fouvent du nom de *Boucliers,* tel qu'eft le *Bouclier tigré.* D'autres
font à bafe allongée ou ovale et en même tems élevés et voutés, et de
cette forte eft entre autres le Lepas qui s'offre dans cette figure. Celui-
ci eft appellé communement *de geele Patelle of Kapje,* LE LEPAS OU PATEL-
LE JAUNE, parceque c'eft par cette couleur qu'il fe diftingue principalement
de la plûpart des autres Lepas. A le regarder du côté interne fa cavité
n'imite pas mal celle d'une nacelle, en dehors le profil en fait voir la hauteur. Le fommet eft emoufsé, et blanchâtre. Le fond de fa robe eft un
jaune qui tire fur le brun, chargé alternativement de Zónes d'un jaune

plus

Ex Museo Houttuijniano.

Andr. Hoffer sculpsit.

plus clair et d'un brun plus foncé. En dehors il eſt orné de ſtries fines qui partent en forme de raïons du ſommet vers la circonférence. Du reſte le deſſein que nous en avons ſous les yeux, fait voir ſuffiſamment qu'il eſt d'une
forme oblique, ſon ſommet ſe trouvant placé beaucoup plus près vers l'un
des bouts que vers l'autre. Ce morceau vient des *Indes orientales.*

Fig. 2. Pluſieurs ſortes de Coquilles ont des *Opercules* qui ſervent à
fermer leurs ouvertures, et qui différent en pluſieurs maniéres les uns des
autres. Dans la cinquiéme Partie de cet Ouvrage *Pl. XXII.* ** nous avons
fait voir entr'autres un *Nombril de Venus*, conſidérable par ſa grandeur, et
qui a ſervi autrefois d'Opercule à une éſpèce de *Limaçons à bouche ronde*
connuë ſous le nom d'*Olearia* (en Holl. *de bonte Knobbelhooren, Reuze Oor*).
De ces Couvercles, mais beaucoup plus minces et noirâtres, ont auſſi d'autres Limaçons à bouche ronde. Dans cette figure il s'en offre un, qui vient
de l'eſpèce de ces Coquilles que l'on connoit ſous le nom de *Soldat.* En
Hollande on ne lui donne d'autre nom que celui de *Rond Dekzeltje*, PETIT
OPERCULE ORBICULAIRE. Il eſt d'un brun noirâtre, avec une grande tache
verd-foncée vers l'un des côtés. Du côté interne ſe fait voir la ſtructure
de toute la pièce, qui eſt d'une ſubſtance cartilagineuſe ou approchante de
celle de la corne, tournée en ſpirale. Il eſt rare d'en voir de plus grands.

Fig. 3. OPERCULE ALLONGÉ ET PAPIRACÉ, en Holl. *Langwerpig Dekzeltje*, beaucoup plus mince que celui du N°. précédent, et presque pas plus
épais que du Papier de poſte, en quoi il ſe diſtingue auſſi de celui qui ſe
voit *Pl. XXX. Part.* I. quoiqu'ils viennent l'un et l'autre de la même ſorte
de Coquille. Il eſt d'un marron luiſant, et transparant ſi on l'oppoſe au
jour.

Fig. 4. Le *Limaçon* qui ſe voit dans cette figure eſt probablement *terreſtre*, et à clavicule et ſommet ſi élevés que l'on pourroit presque le prendre pour un *Sabot*, ce qui fait qu'en Hollande on le met parmi les Coquilles que l'on nomme *getopte Slakhooren*, LIMAÇON À SOMMET ELEVÉ. Il ne
s'en trouve de copie ni dans GUALTIERI, ni chés d'ARGENVILLE. Sa robe

eſt

eſt couleur de chair. Ses orbes ſont ornés chacun de deux faſciés, l'une large de couleur brune, l'autre étroite et bleuë, très vives l'une et l'autre.
Le ſommet eſt marron. La bouche a un petit rebord.

Fig. 5. Dans l'Ouvrage de RUMPHIUS ſe voit la copie d'un groupe de
Vermiſſeaux de Mer, qui a beaucoup de reſſemblance avec celui qui s'offre
dans cette figure. C'eſt un groupe de tuyaux minces de couleur brune, en-
tortillés les uns dans les autres, auquel adhére un gros tuyau Vermiculaire
qui n'eſt replié qu'une ſeule fois. Ces *Vermiculaires* portent en Hollande le
nom de *Hoender Darmen;* et il eſt à remarquer, que ces Spires, ces replis,
ces différentes inflexions, qu'on leur voit, ne ſont que purement acciden-
telles, d'où il vient que, malgré la variété infinie qui en reſulte par rapport à leur forme, on leur donne toujours le nom de VERMICULAIRES.

Fig. 6. Lepas brun qui ne ſe feroit guères remarquer, ſans les graces
que lui donnent ces points d'un verd clair, qui ſortent d'un fond olivâtre,
diſpoſés ſur des lignes en forme de raïons qui partent du ſommet vers la
circonférence, et faiſant comme des bandes interrompuës. Le ſommet de
cette Coquille eſt peu élevé, et les bords ſont un peu endommagés. On
lui donne en Hollande le nom de *Groengeſtipt Kapje,* LEPAS POINTILLÉ DE
VERD.

Fig. 7. Dans la deſcription des Coquilles de la *Pl. VII.* ✱✱✱ de cette
Partie nous avons eû occaſion de parler d'une ſorte de *Cames* que l'on connoit généralement ſous le nom de *Tours de Bras,* et il a été rendu en même
tems raiſon de cette dénomination. Ici nous mettons ſous les yeux des Curieux la copie d'un battant d'une Came de cette ſorte, qui ſurpaſſe de beaucoup, tant du côté de ſes couleurs que du deſſein de ſa robe, celles qui ſe
voïent dans la Planche que nous venons de citer. Intérieurement il eſt bordé de dents très fines. Du reſte cet individú ſe fait remarquer auſſi par ſa
grandeur.

Fig. 8. Cette Coquille ſe diſtingue auſſi d'une maniére très avantageuſe
par la beauté de ſa robe; un rouge de cinabre s'y repand doucement et
com-